Clara Vukovich

Gebäude der Gründerzeit in Wien

Clara Vukovich

Gebäude der Gründerzeit in Wien

– Herausforderungen und Auswirkungen der Wiener Bauordnungsnovelle 37/2018

Lehrbuchverlag

Imprint

Cover image: www.ingimage.com

Publisher:
Der Lehrbuchverlag
is a trademark of
International Book Market Service Ltd., member of OmniScriptum Publishing Group
17 Meldrum Street, Beau Bassin 71504, Mauritius

Printed at: see last page
ISBN: 978-620-2-49064-1

Kurzfassung

Gründerzeithäuser prägen das Wiener Stadtbild. Die mehr als 150 Jahre alten Gebäude zeichnen sich insbesondere durch ihre großen Räume mit Raumhöhen von bis zu vier Metern sowie die Vollziegelmauerwerke und aufwendig gestalteten Fassaden mit Stuckornamenten aus. Sie sind jedoch nicht nur stadtbildprägende Elemente, sondern darüber hinaus bietet das historisch entwickelte Mietrechtsgesetz (und mit ihm die Richtwertmieten) eine bedeutende Grundlage, für zahlreiche MieterInnen in Gebäuden der Gründerzeit leistbares Wohnen in Zentrumsnähe zu ermöglichen.

Seit mehreren Jahren ist ein Rückgang der Zahl der Gründerzeitgebäude zu verzeichnen. Allein im Jahr 2017 wurden mehr als 100 dieser Objekte abgerissen. Wie viele dieser historischen, der Gründerzeit zuzurechnenden Gebäude jedoch tatsächlich vom Abriss betroffen waren, kann nicht festgestellt werden, da bis 29.06.2018 für Gebäude außerhalb von Schutzzonen oder Bausperren keine Pflicht zur Bewilligung des Abrisses bestand. Durch die Baurechtsnovelle (LGBl Nr 37/2018) der Stadt Wien, welche mit 30.06.2018 in Kraft trat, änderte sich dies allerdings. Nun dürfen jene Gebäude, die vor dem 01.01.1945 errichtet worden sind, neben jenen in Schutzzonen oder Gebieten mit Bausperre, erst nach einer entsprechenden Bestätigung der MA 19 abgerissen werden. Die wesentlichsten Gründe für die Notwendigkeit der Bauordnungsnovelle 2018 sind in den geänderten Rahmenbedingungen, sowie den mannigfaltigen Erschwernissen für EigentümerInnen zu sehen.

Die technische und wirtschaftliche Abbruchreife sind von wesentlicher Bedeutung bei einem Ansuchen um Abbruchbewilligung. Daher wurden im Zuge der Arbeit die durch die Novelle geänderten Begriffe erarbeitet. Während die wirtschaftliche inhaltlich unverändert blieb, wurden die

Anforderungen für die technische Abbruchreife durch die Formulierung der „technischen Unmöglichkeit" deutlich erschwert. Die Vorgehensweise, um einen Abbruch zu erwirken, wurde zum besseren Verständnis anhand eines Praxisbeispiels dargelegt.

Herausforderungen bei der Umsetzung der Novelle sind insbesondere durch zahlreiche rechtliche Unsicherheiten, sowie unklaren Gesetzesformulierungen zu erwarten. Zudem bleiben die Auswirkungen und das generelle Ziel der Bauordnungsnovelle ungewiss.

Die Reaktionen der verschiedenen involvierten AkteurInnen waren kontrovers. Seitens der Regierung wurde sie als notwendiger, bedeutender Schritt zur Problemlösung bezeichnet. Auch Vertretende der MieterInnenseite äußerten sich überwiegend positiv, hoben allerdings weitere Problemfelder hervor. EigentümerInnen sahen darin hingegen weitere Einschränkungen, die die Wirtschaftlichkeit und Rechtssicherheit untergraben. Wertvolle Informationen konnten im Speziellen durch ExpertInnen-Gespräche ergänzt werden.

Darüber hinaus stand im Rahmen der Auseinandersetzung mit raumplanerischen Aspekten die Frage „Sanierung statt Neubau?" im Mittelpunkt, denn die Thematik ist aus der Perspektive der Ressourcenschonung für den Umwelt- und Klimaschutz von großer Bedeutung. Auch flossen ökonomische sowie soziale und kulturelle Gesichtspunkte mit ein.

Durch einen Blick in die für diese Thematik relevanten Gesetze der Bundesländer konnten schlussendlich Unterschiede aufgezeigt und interessante Lernmöglichkeiten zur Lösung ähnlicher Problemstellungen gewonnen werden.

Abstract

The Viennese cityscape is characterized by its so-called "Gründerzeit" buildings (period between 1840 and 1918). The more than 150-year-old buildings stand out due to their large rooms with room heights of up to four meters, as well as the solid brick masonry and elaborate facades with stucco ornaments. However, they are not only elements that shape the city, but in addition, the historically developed Law of Tenancy (and with it the so-called "Richtwertmieten") provides an important basis for numerous tenants in buildings of the Gründerzeit period to provide affordable living close to the city centre.

For several years there has been a decline in Gründerzeit buildings. In 2017 alone, about 115 of these objects were demolished. How many of these historic buildings were affected by the demolition cannot be determined, since no demolition-permit for buildings outside of protected areas existed. However, this was changed by the building law amendment (LGBl Nr 37/2018) of Vienna, which came into force on 30.06.2018. Now buildings, that were built before 01.01.1945, may only be demolished after a corresponding confirmation of the city.

The initial point for the requirement of the amendment can be seen in the changing framework and the various challenges for owners. In the course of the master thesis, the terms of the technical and economic demolition maturity, which were changed by the amendment, were elaborated. While the economic remained content-related unchanged, the requirements for the technical demolition maturity were impeded due to the "technical impossibility". The procedure for a termination of a demolition maturity was described by means of an example in order to enable a common understanding.

The changes in general, which resulted from the building law amendment 2018, were substantial as well. On one hand, implementation challenges are to be expected in particular due to numerous legal uncertainties and unclear legal formulations. On the other hand, the impact and the general objective of the building code amendment remain uncertain.

In addition, the expected challenges and the reactions of the various actors involved regarding the building law amendment were discussed. The government referred to it as a necessary, important step to solve current problems. Representatives of the tenants also expressed a positive attitude but highlighted further problem areas. However, owners saw further restrictions that undermine profitability and legal certainty. Moreover, through discussions with experts, valuable information could be enhanced.

In the context of dealing with spatial planning aspects, the focus was on the question of "renovation vs. new construction?", due to the importance of the topic from the perspective of resource conservation for environmental and climate protection. Also included were economic, as well as social and cultural aspects.

In conclusion, by looking at the laws of the federal states that are relevant for this topic, differences were identified and interesting learning opportunities for similar problems could be gained.

Inhaltsverzeichnis

1. Einleitung

Gründerzeithäuser prägen das Wiener Stadtbild. Die zwischen 1840 und 1919 errichteten Gebäude zeichnen sich insbesondere durch ihre großen Räume mit Raumhöhen von bis zu vier Metern sowie die Vollziegelmauerwerke und aufwendig gestalteten Straßenfassaden mit Stuckornamenten aus (Rammerstorfer, 2012, S. 5).

In den vergangenen Jahren wurde in zahlreichen Medien häufig über den – von diesen als Abrisswelle titulierten – Rückgang der Zahl von Gebäuden der Gründerzeit berichtet. So war in der „Presse“ vom 05.11.2015 zu lesen: „Wiener Altbauten: Zügellose Vernichtung“. Auch im „Standard“ wurde am 04.12.2016 geschrieben: „Wien: Angst vor Abriss des Gründerzeit-Stadtbilds“. Nach Angaben des Grünen-Gemeinderats Christoph Chorherr wurden 115 dieser Objekte im Jahr 2017 abgerissen (Zoidl, 2018a). Wie viele dieser historischen, der Gründerzeit zuzurechnenden Gebäude jedoch tatsächlich vom Abriss betroffen waren, kann nicht festgestellt werden, da bis 29.06.2018 bei Gebäuden außerhalb von Schutzzonen oder Bausperren keine Pflicht zur Bewilligung des Abrisses bestand. Mit 30.06.2018 änderte sich dies allerdings. Nun dürfen all jene Gebäude, die vor dem 01.01.1945 errichtet worden sind, neben jenen in Schutzzonen oder Gebieten mit Bausperre, erst nach einer entsprechenden Bestätigung der Magistratsabteilung (MA) 19 abgerissen werden. Dies besagt die Baurechtsnovelle der Stadt Wien, die ursprünglich erst im Herbst 2018 in Kraft treten sollte. Doch seit der Ankündigung im Frühling 2018 kam es vermehrt zu kurzfristig geplanten Abrissen einzelner Gründerzeithäuser (Putschögl, 2018). Dies erreichte solche Ausmaße, dass vorübergehend den Wiener Abbruchunternehmern keine Bagger mehr zur Verfügung standen (Wojciech, 2018). Um dem entgegenzuwirken, trat jener Teil der

Bauordnungsnovelle, welcher eine Abbruchbewilligung vorsieht, bereits mit 30.06.2018 in Kraft.

In § 60 Abs.1 lit. d des Wiener Stadtentwicklungs-, Stadtplanungs- und Baugesetzbuchs (Bauordnung für Wien – BO für Wien), StF.: LGBl Nr 11/1930, idF 69/2918, folgend BO für Wien, wird festgelegt, dass nur für jene Bauwerke in Schutzzonen und Gebäude, die vor dem 01.01.1945 errichtet wurden, eine Abbruchbewilligung erteilt werden darf, „wenn an der Erhaltung des Bauwerkes infolge seiner Wirkung auf das örtliche Stadtbild kein öffentliches Interesse besteht oder sein Bauzustand derart schlecht ist, dass die Instandsetzung technisch unmöglich ist oder nur durch wirtschaftlich unzumutbare Aufwendungen bewirkt werden kann".

Hintergrund dieser Änderung war die zunehmende Notwendigkeit für die Stadt Wien, sich eines Mittels bedienen zu können, um dem Rückgang an Gründerzeithäusern entgegenzusteuern. Beinahe neun Prozent aller Gebäude in Wien sind als solche zu bezeichnen (Otto Immobilien, 2017, S. 27). Ausgehend vom Bestand im Jahr 2009 sank dieser bis zum Jahr 2018 um mehr als neun Prozent, dies entspricht in etwa 1.500 Gebäuden (Otto Immobilien, 2018, S. 37).

Dabei wurden Gründerzeithäuser nicht nur abgerissen, sondern ein beachtlicher Anteil wurde auch parifiziert und anschließend verkauft. Ebenso wurden sie einer Sondernutzung zugeführt, womit sie dem durch den Vollanwendungsbereich des Mietrechtsgesetzes geschützten Markt entzogen wurden.

Um die Hintergründe dieser Problematik zu begreifen, ist es unabdingbar, das österreichische Mietrechtsgesetz zu berücksichtigen, da es in engem Zusammenhang mit der Thematik steht. Das Mietrecht dürfte wohl eine der komplexesten Angelegenheiten des österreichischen Rechtssystems sein. So können in ein und demselben Gründerzeitgebäude sowohl der freie, der angepasste, der Richtwert- als auch der Kategoriemietzins von Bedeutung sein. Der Richtwertmietzins, welcher im Gründerzeithaus zumeist zur Anwendung kommt, sieht sogenannte Mietdeckelungen vor. Mit Stand 01.04.2019 wurde dieser mit 5,81 €/m² für Kategorie-A-Wohnungen für Wien im Bundesgesetz über die Festsetzung des Richtwertes für die mietrechtliche Normwohnung (Richtwertgesetz – RichtWG), StF: BGBl Nr 800/1993, idF BGBl II Nr 70/2019, folgend RichtWG, festgelegt. Dadurch werden die Mieteinnahmen für die EigentümerInnen von Gründerzeithäusern merklich beschränkt.

Auch haben zahlreiche weitere Anforderungen an die Gründerzeithäuser die Situation verschärft. Neben der Barrierefreiheit und der Forderung nach Digitalisierung spielen auch die Energieeffizienz und Normen wie beispielsweise ÖNORM B 1300 eine bedeutende Rolle. Im Altbau sind diese allerdings nur schwer oder gar nicht umsetzbar. Problematisch daran ist, dass die EigentümerInnen im Schadensfall haften.

Des Weiteren ist die Erhaltung der Gebäude nicht nur kostspielig, zugleich ist die Nettonutzfläche aufgrund der zumeist großzügigen Raumhöhe deutlich geringer als jene, die bei einem Neubau möglich wäre. Dies kann dazu führen, dass – wenn sich die Frage nach der Finanzierung notwendiger Sanierungen stellt und inwiefern diese als angemessen erachtet werden – der Anreiz, das Bauwerk zu erhalten, fehlt.

Die entscheidenden Faktoren zur Beurteilung der Bausubstanz waren vor der Bauordnungsnovelle 2018 die technische und die wirtschaftliche Abbruchreife. Diese definieren, wann eine Sanierung des Gebäudes aus wirtschaftlicher beziehungsweise technischer Sicht als sinnvoll erachtet wird. Durch die Änderung des § 60 Abs. 1 lit. d BO für Wien kam es allerdings nach Aussage des ehemaligen Wiener Wohnbaustadtrats und jetzigen Wiener Bürgermeisters Michael Ludwig „de facto zu einer Abschaffung der technischen Abbruchreife“ (Chorherr/Ludwig, 2018), da die Voraussetzungen dafür nur bei technischer Unmöglichkeit der Instandsetzung gegeben sind. Da aufgrund der technischen

Möglichkeiten eine Instandsetzung nur in den seltensten Fällen nicht ausführbar ist, ist die Angemessenheit der Sanierung eines Gebäudes nunmehr anhand der wirtschaftlichen Abbruchreife festzustellen. Diese tritt bei wirtschaftlich unzumutbaren Aufwendungen ein. Bisher wurde begrenzt auf sie zurückgegriffen, da zumeist auf die einfacher darzulegende technische Abbruchreife ausgewichen wurde.

Seitens des Vereins zur Revitalisierung und architektonischen Aufwertung der Wiener Gründerzeithäuser wird diese Beschränkung als weitere diskriminierende Maßnahme für EigentümerInnen aufgefasst. Jedoch ist die Kritik durchaus weitläufiger und lässt den Umfang der Problematik andeutungsweise erkennen. Mit folgenden Worten wird diese vom Verein beschrieben: „Das derzeit geltende Mietrecht lässt Sanierungen zur sprichwörtlichen Liebhaberei werden, entzieht Wohnungen dauerhaft dem Mietermarkt und schafft eine Kluft zwischen Eigentümer und Mieter. Zur tragfähigen wirtschaftlichen Basis gehört ein faires Mietrecht, das Investitionen berücksichtigt. Mit Fairness meinen wir, dass es die Interessen des Mieters einerseits, aber auch des Vermieters andererseits berücksichtigen muss“ (Erath, 2018).

So wurde beim Europäischen Gerichtshof für Menschenrechte eine Beschwerde bezüglich der „Einschränkung der freien Erwerbsausübung, der krassen Eigentumsbeschränkung bis hin zum Diskriminierungsverdacht gegenüber tausenden Eigentümern speziell in Wien“ (Erath, 2018) eingebracht.

Es stellt sich die Frage, inwiefern auch ein Eingriff ins Eigentumsrecht durch die Änderungen der technischen und wirtschaftlichen Abbruchreife abzuleiten ist. Ebenso muss Bedacht auf den Gleichheitsgrundsatz genommen werden. Nach Art. 7 Abs. 1 Bundes-Verfassungsgesetz (B-VG), StF: BGBl Nr 1/1930, idF BGBl I Nr 14/2019, folgend B-VG, sind alle Staatsbürger vor dem Gesetz gleich. Vorrechte der Geburt, des

Geschlechtes, des Standes, der Klasse und des Bekenntnisses sind ausgeschlossen. Auch Art. 2 des Staatsgrundgesetzes besagt dies.

Neben diesen bedeutenden Hauptgesichtspunkten gilt es darüber hinaus raumplanerische Aspekte zu bedenken. In Hinsicht auf den Umweltschutz sind Fragen nach der Notwendigkeit eines Neubaus und dessen Auswirkungen zu stellen, denn durch einen Neubau werden stets Ressourcen beansprucht. Demgemäß gibt eine Gegenüberstellung der Vor- und Nachteile einer Sanierung gegenüber einem Neubau einen Überblick über die zu beachtenden Gesichtspunkte. Neben der ökologischen Betrachtung sind zudem die ökonomischen Gründe miteinzubeziehen. Den Auswirkungen der Thematik auf soziale und kulturelle Aspekte ist gleichermaßen Beachtung zu schenken. So stellen sich Fragen nach den Hintergründen der Preissteigerung bei gründerzeitlichen Gebäuden und der dem Mietrecht zugeschriebenen Funktion der sozialen Durchmischung.

Interessant ist es des Weiteren, die Situation in anderen Bundesländern zu betrachten. In Städten mit österreichweit überdurchschnittlichen Grundstückspreisen und einem hohen Anteil an Gebäuden der Gründerzeit scheint die Thematik nicht so umstritten zu sein wie in Wien. Beispielsweise wurde in Innsbruck ein Drittel aller Gebäude vor 1945 errichtet, in Salzburg beträgt der Anteil ein Fünftel (Statistik Austria 2011). Ob die Problematik aufgrund der dortigen Regulative nicht besteht oder auf die geringere Anzahl und den höheren Richtwert im Vergleich mit Wien zurückzuführen ist, ist zu hinterfragen. Durch einen Blick in die verschiedenen Gesetze der Bundesländer sollen mögliche Handlungsoptionen und Lösungsansätze abgeleitet werden.

1.1 Zielsetzung und Fragestellung der Arbeit

Durch die Novellierung der Wiener Bauordnung entstanden Unsicherheiten, welche Auswirkungen auf verschiedene Interessen haben. Denn Gründerzeithäuser sind nicht nur stadtbildprägende Elemente, sondern darüber hinaus bietet das historisch entwickelte Mietrechtsgesetz (und mit ihm die Richtwertmieten) eine bedeutende Grundlage, für zahlreiche MieterInnen in Gründerzeithäusern leistbares Wohnen in Zentrumsnähe zu ermöglichen.

Daher ist es Ziel der Arbeit, die Begriffe der technischen und wirtschaftlichen Abbruchreife sowie die Veränderungen, die sich durch die Bauordnungsnovelle 2018 ergeben haben, zu erarbeiten. Ebenso wird die Notwendigkeit, aus welcher die Bauordnung novelliert wurde, erläutert. Durch das Aufzeigen der Parameter der Abbruchreife sowie die Darlegung anhand eines Beispiels soll ein Allgemeinverständnis ermöglicht werden. Durch eine Gegenüberstellung der Vorgehensweise in anderen Bundesländern werden andere Ansätze und Lösungsvorschläge aufgezeigt.

Darüber hinaus wird das Vorgehen der Stadt aus eigentümerrechtlicher Sicht kritisch betrachtet. Fragestellungen bezüglich eines Eingriffs in das Eigentumsrecht sind von großer Relevanz, denn das Recht auf Unverletzlichkeit des Eigentums (Art. 5 Staatsgrundgesetz [StGG]; Art 1 1. Zusatzprotokoll zur Konvention zum Schutz der Menschenrechte und Grundfreiheiten [ZPEMRK]) ist eines der wichtigsten verfassungsrechtlich gewährleisteten Rechte.

Ebenso wird sich die Arbeit mit raumplanerischen Aspekten auseinandersetzen. Dabei steht die Frage „Sanierung statt Neubau?“ im Mittelpunkt. Die Thematik ist aus der Perspektive der Ressourcenschonung für den Umwelt- und Klimaschutz von Bedeutung. Auch fließen ökonomische Überlegungen mit ein. Des Weiteren spielen soziale und kulturelle Gesichtspunkte bei raumplanerischer Betrachtung eine Rolle.

Es ergeben sich demgemäß folgende Forschungsfragen:

- Was waren die Ausgangslage und die Hintergründe für die Novelle des § 60 Abs. 1 lit. d BO für Wien?

- Durch welche Parameter werden die technische und wirtschaftliche Abbruchreife in Wien definiert?

Neben der Frage nach der geänderten Vorgehensweise zur Feststellung der technischen Abbruchreife sollen auch der Begriff der „technischen Unmöglichkeit" sowie die Kriterien der Feststellung der wirtschaftlichen Abbuchreife erarbeitet werden.

- Wie ist aus eigentumsrechtlicher Sicht die Situation der Gründerzeithäuser-EigentümerInnen zu beurteilen?

Die Sicht der EigentümerInnen und deren Herausforderungen werden untersucht. Welche Möglichkeiten bestehen und wie muss bei einem angestrebten Abbruch vorgegangen werden? Welche Einschränkungen sind hinzunehmen? Hauptaugenmerk liegt auf der Klärung der notwendigen Schritte zum Erlangen einer Abbruchbewilligung.

- Welche Auswirkungen sind durch die neuen Regelungen der Baurechtsnovelle 2018 bezüglich der Abrisse von Gründerzeithäusern zu erwarten?

Es könnte die kritisch formulierte Hypothese aufgestellt werden, die Bauordnungsnovelle löse das Problem nicht. Zwar wird die Anzahl an Abbrüchen rückgängig sein, jedoch wird der eigentliche Kern der Thematik – nämlich der Erhaltungszustand und die Verfügbarkeit der Wohnungen – nicht beeinflusst. Zudem werden EigentümerInnen in die Pflicht genommen, die im öffentlichen Interesse gelegene Erhaltung zu finanzieren. Weiters sehen Vermietende aufgrund der Regelungen des

Mietrechts keinen Anreiz, freistehende Wohnungen auf den Markt zu bringen. Stattdessen wird auf die seit Langem angekündigte Mietrechtsreform gewartet.

- Wie ist die Situation der Erhaltung von gründerzeitlichen Gebäuden in anderen Bundesländern zu beurteilen? Können Handlungsanweisungen beziehungsweise Lösungsansätze abgeleitet werden?

- Ist aus raumplanerischer Sicht die Erhaltung von Bauwerken der Gründerzeit zu unterstützen?

1.2 Methodik und Aufbau der Arbeit

Um diese Forschungsfragen beantworten zu können, wird einerseits eine Literaturstudie diverser Fachliteratur durchgeführt. Durch die hermeneutische Analyse und Aufarbeitung der Bauordnungsnovelle 2018, des Mietrechtsgesetzes und der themenrelevanten Gesetze der Bundesländer wird eine breite Grundlage geschaffen. Andererseits wird die Arbeit durch Interviews geführt in Form eines halbstrukturierten Interviewleitfadens ergänzt, um die Sichtweise aus der Praxis zu integrieren. Als ExpertInnen werden sowohl Vertretende der Stadt Wien als auch VertreterInnen der EigentümerInnenseite und MieterInnen herangezogen. Seitens der Stadt Wien wurde ein Gespräch mit Herrn Gerhard Fuchs von der Magistratsabteilung 37 (Referatsleiter, Stabstelle Recht) geführt. Durch Frau Elisabeth Olischar, Klubobfrau der Wiener ÖVP, konnten Einblicke in den Standpunkt der Opposition gewonnen werden. Seitens der EigentümerInnen wurde ein Gespräch mit Herrn Kaspar Erath, Obmann des Vereins zur Revitalisierung und architektonischen Aufwertung der Wiener Gründerzeithäuser, geführt. Bezüglich der Auswirkungen für die Mietenden wurden hingegen Herr

Walter Rosifka sowie Herr Christian Pilcher (beide AK Wien) interviewt. Betreffend die Vertretenden der Bundesländer wurde ein telefonisches Gespräch mit Herrn Peter Pilz (Stadt Graz), sowie schriftlicher Verkehr mit Frau Silvia Irnleitner (Stadt Salzburg) geführt. Leider blieben Interviewanfragen von der Regierung der Stadt Wien unbeantwortet.

Durch eine empirische Analyse anhand eines Beispiels wird die Vorgehensweise zur Feststellung der technischen und wirtschaftlichen Abbruchreife veranschaulicht. Detailliert wird auf die Bewertung der wirtschaftlichen Abbruchreife durch eine Gegenüberstellung der unterschiedlichen Kosten (notwendige Sanierungskosten vs. Ertragswerte von Liegenschaften) eingegangen.

Hinsichtlich des Aufbaus der Arbeit werden zu Beginn die historischen und rechtlichen Grundlagen erarbeitet, um eine Ausgangsbasis für die weitere Arbeit zu schaffen. Die städtebaulichen und historischen Zusammenhänge sind hierbei von besonderer Bedeutung. Aufgrund dessen wird im Speziellen auf die Entwicklung der Gründerzeithäuser sowie deren Bedeutung für Wien eingegangen. Weiters werden Kennzahlen zum Zinshausbestand und bezüglich der Schutzzonen dargelegt.

Von ebenso außerordentlicher Bedeutung für das Verständnis weiterer Ausführungen sind die mietrechtlichen Rahmenbedingungen in Gründerzeithäusern. Hierzu ist es unabdingbar, die geschichtliche Entwicklung des Mietrechtsgesetzes als Schutznorm sowie die Anwendung der Mietzinse in Gründerzeithäusern zu kennen. Auch die Auseinandersetzung mit den mietrechtlichen Rahmenbedingungen bei Sanierung ist für das Verständnis erforderlich.

Im darauffolgenden Kapitel wird auf die raumplanerische Bedeutung der Gründerzeithäuser eingegangen. Nach ökonomischen und ökologischen Aspekten wird der Frage nach den Vorzügen beziehungsweise Hemmnissen einer Sanierung anstelle eines Neubaus nachgegangen.

Ebenso wird im Zuge der Behandlung der sozialen Durchmischung auf das Problem des überhöhten Mietzinses eingegangen und ein Vergleich zwischen dem erlaubten und dem am Markt real vereinbarten Richtwert aufgestellt.

Das Hauptkapitel beschäftigt sich mit der Wiener Bauordnungsnovelle 2018. Anfangs werden allgemeine Probleme und Herausforderungen angeschnitten.
Die technische Abbruchreife wird detailliert untersucht und ein Vergleich der alten und neuen Definition aufgestellt. Insbesondere wird auf die Probleme der Änderungen eingegangen. Aufgrund der bisher inhaltlich geringeren Auseinandersetzung mit der wirtschaftlichen Abbruchreife wird darauf der Fokus liegen. In besonderem Maße stehen die Änderungen vor und nach der Bauordnungsnovelle im Mittelpunkt. Anhand eines konkreten Beispiels wird die Vorgehensweise bei der Bewertung dargelegt und eine Gegenüberstellung der relevanten Kosten aufgestellt.

Das vorletzte Kapitel stellt einen Vergleich zwischen den Bundesländern auf und ermöglicht einen Überblick über die für diese Thematik relevanten Gesetze. Von Interesse ist hierbei insbesondere, sich mit Unterschieden ähnlicher Problemstellungen und den sich daraus ergebenden Lernmöglichkeiten auseinanderzusetzen.

Zuletzt wird in der Conclusio unter Bezugnahme auf die gewonnenen Erkenntnisse die Beantwortung der Forschungsfragen vorgenommen. Die Inhalte der Arbeit werden abschließend zusammengefasst, und aufgrund der gewonnenen Erkenntnisse wird ein Ausblick auf denkbare bevorstehende Entwicklungen gegeben.

2. Die historische Entwicklung und Bedeutung der Gründerzeit in Wien

2.1 Der Begriff des Gründerzeithauses

Als Gründerzeithaus wird ein Gebäude bezeichnet, das zum einen in der Zeitspanne zwischen 1840 und 1918 errichtet wurde. Zum anderen erfüllt es folgende Qualitäten und Detaileigenschaften (Rammerstorfer, 2012, S. 5):

- Große Räume mit Raumhöhe von bis zu vier Metern
- Außenwände aus Vollziegelmauerwerk
- Aufwendig gestaltete Straßenfassade, häufig mit Stuckornamenten
- Massivdecken über dem Keller (Gewölbe oder Preußische Kappen)
- Holzfenster als Einfach- oder Kastenfenster
- Handwerkliche Qualität und Materialqualität von Bauteilen (Geländer, Vertäfelungen, Türen, Fußböden)

Im Folgenden werden mitunter die statistischen Daten von Otto Immobilien herangezogen, welche folgende Eigenschaften ergänzen (Otto Immobilien, 2018, S. 33):

- Geschlossene Bauweise
- Keine Sondernutzung (z. B. öffentliche Gebäude, Palais, ...)
- Kein Wohnungseigentum

  Der Aspekt des Wohnungseigentums ist insofern von großer Bedeutung, als die Konsensfindung umso komplizierter wird, je mehr EigentümerInnen in den Prozess involviert sind. Zwar ist trotz Begründung des Wohnungseigentums allenfalls bei Vermietung (zumeist) das Mietrechtsgesetz im Vollanwendungsbereich heranzuziehen, allerdings werden Prozesse zur Pflege des Gebäudes (z. B. Fassadenerhaltung) langwieriger, wodurch der Erhalt gefährdet wird.

Die Begriffe Gründerzeithaus, Zinshaus, Mietshaus und Mietskaserne werden synonym verwendet.

Österreichweit befinden sich beinahe 800.000 Wohnungen in Gebäuden aus der Bauperiode vor 1919, somit liegt der Anteil in Österreich insgesamt mit 17,82 % bei beinahe einem Fünftel (Statistik Austria, 2013). Bei Betrachtung der Errichtungsjahre der Gebäude in Wien (Tabelle 1) ist festzustellen, dass mit mehr als 32.000 Gebäuden ein Fünftel aller Gebäude vor 1919 errichtet wurde. Es befinden sich von den etwa 838.000 Wiener Hauptwohnsitzwohnungen mehr als 255.000 in diesem Gebäudesegment (Statistik Austria, 2013). Dennoch sind heute (Stand 2018) nur knapp 8,5 % des Gebäudebestandes als Gründerzeithäuser – bei Berücksichtigung der Kriterien im Sinne von Otto Immobilien – zu bezeichnen (Otto Immobilien, 2018, S. 35).

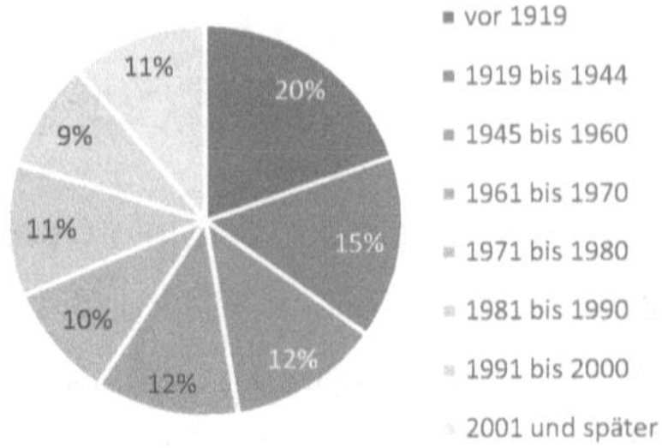

Tabelle 1: Errichtungsjahr der Gebäude in Wien (in %).
Datenquelle: Statistik Austria 2013.

Besonders hervorzuheben ist im Zuge dieser Arbeit, dass seit 2009 der Bestand an Gründerzeithäusern von 15.529 auf 14.071 mit Stand August 2018 gesunken ist. Dies entspricht einem Rückgang von über 9 % (Otto Immobilen, 2018, S.33). Ein großer Teil dieses Rückgangs ist jedoch auf die von Otto Immobilien definierten Bewertungskriterien der Begründung von Wohnungseigentum zurückzuführen. Ebenso wurde der Bestand durch Nutzungsänderungen verringert und somit dem vom Mietrecht geregelten Markt entzogen (Otto Immobilen, 2018, S. 33).

Ein hoher Anteil (> 30 %) an Gründerzeitgebäuden kann im Speziellen in den inneren Bezirken (1., 4., 5., 6., 7., 8., 9.) vorgefunden werden (Otto Immobilien, 2018, S. 34). Absolut betrachtet sind jedoch insbesondere im

2., 3., 15., 16., 17., und 18. Bezirk zahlreiche Gründerzeitgebäude vorhanden. Nachstehende Tabelle 2 zeigt die Verteilung über die Bezirke hinweg, ebenso wie die Entwicklung der Gründerzeithäuser im Vergleich des Jahres 2009 zum Jahr 2018. In allen Bezirken beträgt die Rückgangsquote etwa 10 %. Somit ist kein relativer Unterschied zwischen jenen Bezirken mit ausgewiesener Schutzzone (siehe dazu Kapitel 5 – Die Bauordnungsnovelle 2018) zu jenen ohne eine solche zu erkennen.

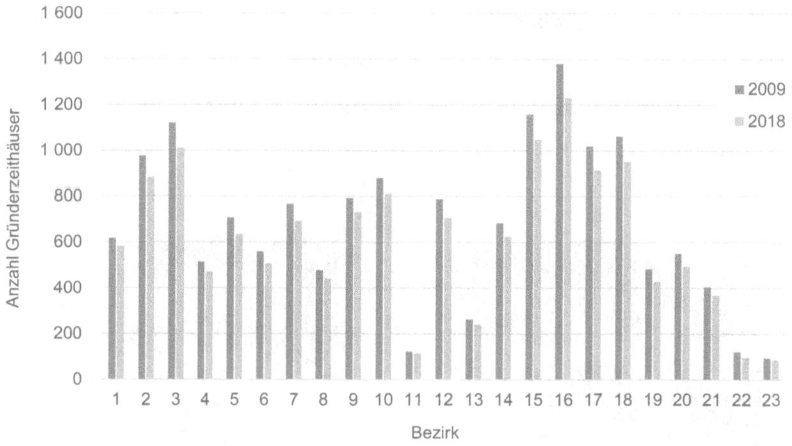

Tabelle 2: Anzahl der Gründerzeit-Zinshäuser in den Bezirken. Quelle: Otto Immobilien, 2018, S.33

Interessant ist es darüber hinaus, die EigentümerInnenstrukturen zu betrachten. Mit einem Anteil von 61 % der EigentümerInnen (Stand 2018) sind Privatpersonen am stärksten vertreten. Weitere 27 % befinden sich im Eigentum von Unternehmen (juristische Personen, wie beispielsweise GmbH, AG, OG, Banken, Versicherungen). EigentümerInnen sind darüber hinaus auch Gebietskörperschaften, Gemeinden, Institute oder Vereine – insgesamt beträgt der Anteil an „Sonstigen“ 12 % (Otto Immobilien, 2018, S. 29). Das Verhältnis veränderte sich jedoch im letzten Jahrzehnt. Während der Anteil der „Sonstigen“ gleichblieb, sank der Anteil der PrivateigentümerInnen um 7 %, während jener der Unternehmen um diesen Wert stieg (Otto Immobilien, 2018, S. 29).

Ebenso muss berücksichtigt werden, dass sich Gründerzeitgebäude je nach Entstehungshintergrund und Nutzungsart sehr unterscheiden. Im Speziellen gibt es große Unterschiede bezüglich der Größe, der Belichtung sowie der sanitären und technischen Ausstattung.

Das Nobelmietshaus

Im Bereich der Innenstadt, entlang der Ringstraße sowie den repräsentativen Ausfallstraßen der inneren Bezirke wurden prächtige Palais mit reich verzierten Fassaden errichtet. Auch der Innenraum ist von aufwendigen Foyers und Stiegenhäusern geprägt (Otto Immobilien, 2018, S. 9).

Abbildung 1: Nobelmietshaus der Spätgründerzeit.
Quelle: Abrihan, 2013, S.79.

Abbildung 2: Wohnung mit typischer Fischgrätenparkett.
Quelle: Otto Immobilien, 2018, S.8.

Das bürgerliche Mietshaus

Abbildung 7: Bürgerliches Mietshaus der Hochgründerzeit.
Quelle: Abrihan, 2013, S.45.

In den Vorstädten wurden insbesondere innenstadtnahe Wohnpaläste errichtet. Dies war ein bauliches Abbild des gesellschaftlichen Aufschwungs des finanziell gut situierten Bürgertums. Durch Repräsentationsbauten wurde der Adel imitiert und der neu gewonnene Reichtum demonstriert (Otto Immobilien, 2018, S. 9). Die Gebäude zeigten eine „klare baulich-soziale Separierung von Herrschaft und Dienstboten“ (Otto Immobilien, 2018, S. 9). Zumeist waren die Wohnungen direkt durch das Stiegenhaus mit kurzem Gang erschlossen. In der Spätgründerzeit wurden Sanitärräume in den Wohnungen angelegt (Fassmann/Hatz, 2009, S. 19).

Das ArbeiterInnen-Mietshaus

Die aus allen Teilen der Monarchie einwandernden Arbeitskräfte ließen sich in den gründerzeitlichen Stadtvierteln außerhalb des Gürtels nieder. Es entstanden die Arbeitervorstädte wie Ottakring, Hernals oder Favoriten, die einen „Großteil des städtischen Wachstums auf sich vereinigten“ (Fassmann/Hatz, 2009, S. 18). Die kleinen Wohneinheiten bestanden in der Regel aus einer Küche, zu welcher man direkt vom Hausflur gelangte, und einem an sie anschließenden Zimmer. Sie befanden sich im mittleren Teil des Gebäudes und hatten zumeist ein Ausmaß zwischen 33 und 44 m². Neben den Zimmer-Küche-Wohnungen wurden Zimmer-Küche-Kabinett-Wohnungen errichtet, welche eine Nutzfläche zwischen 45 und 54 m² aufwiesen und zumeist in den Eckbereichen errichtet wurden (Bobeck/Lichtenberger, 1978, S.55). Die Wasserversorgung und die Sanitärräume waren lediglich auf den Gängen des jeweiligen Geschoßes vorzufinden (Otto Immobilien, 2018, S. 9). „Gegenüber den Vorstadthäusern der vorangegangenen Bauphase, die etwas stärker kleinbürgerlichen Charakter besaßen, muß (sic!) dieser Typus als eine deutliche Verschlechterung betrachtet werden“ (Bobeck/Lichtenberger, 1978, S. 92).

Abbildung 10: ArbeiterInnen-Miethaus der Spätgründerzeit.
Quelle: Abrihan, 2013, S.77.

Abbildung 11: ArbeiterInnen-Miethaus der Spätgründerzeit.
Quelle: Abrihan, 2013, S.77.

2.2 Historische Entwicklung der Gebäude der Gründerzeit

Der Zeitraum zwischen 1840 und 1918 wird als Gründerzeit bezeichnet, welche sich in Früh-, Hoch- und Spätgründerzeit unterteilt (Abrihan, 2013, S. 8). In Österreich gilt als Ausgangs-punkt die Märzrevolution 1848, die ins-besondere wirtschaftliche Reformen mit sich brachte. „Politisch und wirtschaftlich war diese Zeit im Bereich des Staats (bis 1878) und der Gemeinde Wien (bis 1895) durch die Dominanz des Liberalismus und seiner Träger geprägt“ (MA 8, 2018). Ausgelöst durch den Freihandel, die liberale Verwaltung und Gesetzgebung (Gewerbeordnung 1859, „Wucherfreiheit" 1868) konnten zahlreiche Industrie-, Bank- und AG-Gründungen verzeichnet werden, „die von unkontrollierten Spekulationen in Börse- und Bankgeschäften sowie schwindelhaften Neu-gründungen begleitet waren“ (MA 8, 2018).

Charakteristisch für diese Zeitspanne ist einerseits das starkes Bevölkerungswachstum, welches auf Zuwanderung und einen Anstieg der Geburtenrate zurückzuführen ist, andere6seits ist ein Wandel in der Gesellschaftsstruktur und der Wirtschaft zu erkennen (Abrihan, 2013, S. 8). Damals war Wien Haupt- und Residenzstadt des Kaiserreichs Österreich-Ungarn und damit Zentrum der Habsburgermonarchie. Während im Jahr 1840 die Einwohnerzahl bei 440.000 liegt, wächst der Agglomerationsraum Wien innerhalb von 30 Jahren auf das Doppelte an (Bobeck/Lichtenberger, 1978, S.30). In der Frühgründerzeit wird die Bevölkerungs-entwicklung neben der Zuwanderung und dem Anstieg der Geburtenrate durch die schwankende Sterblichkeitsrate aufgrund von ausbrechenden Epidemien bis 1870 geprägt.[7]Durch verbesserte sanitäre Zustände können diese zum Einhalt gebracht werden. In der Hochgründerzeit liegt der Schwerpunkt zunehmend auf den Vororten, die durch Zuwanderung stark wachsen. Wie in anderen europäischen Städten nimmt auch in Wien die Zuwanderung in der Spätgründerzeit langsam ab (Bobeck/Lichtenberger, 1978, S.32). Kurz vor dem

Zusammenbruch der Monarchie erreicht Wien, teils bedingt durch die Folgen des Flüchtlingszustroms, seinen Bevölkerungsmaximalstand von 2.238.545 Einwohnern (Bobeck/Lichtenberger, 1978, S.31). Damit war Wien, inklusive der Vorstädte, die drittgrößte Stadt in Europa nach London und Paris (Fassmann/Hatz, 2009, S.18).

	Entwicklungsphase	Einwohnerzahl
1840		440 000
1870	Frühgründerzeit	843 000
	Hochgründerzeit	
1890	Spätgründerzeit	1 342 000
1910		2 005 000
1918		2 238 000

Tabelle 3: Bevölkerungsentwicklung Wien; Quelle: Bobeck/Lichtenberger, 1978, S. 31

Aufgrund der steigenden Wohnungsnot kommt es zu einem Boom „in der Errichtung neuer Wohnbauten und eine[r] Umstrukturierung der Stadt mit zahlreichen öffentlichen baulichen Veränderungen" (Abrihan, 2013, S.8). Weiters ist für die Zeit prägend, dass der Wohnungsneubau einzig von privaten Investoren getragen wurde, da Vermietung und Immobilienentwicklung ein lukratives Geschäft waren (Fassmann/Hatz, 2009, S.18). Des Weiteren entstanden neue Arten des Zusammenlebens. So sind für diese Zeit Untermieter und Bettgeher nicht ungewöhnlich. Ihr Anteil betrug in den Vorstädten und -orten im Jahr 1869 beinahe 25 % (Abrihan, 2013, S.8). Erst Ende des 19. Jahrhunderts nahm ihre Zahl wieder ab. Unter anderem ist ein Grund hierfür das Entstehen der „Mietskaserne", in welchen in Kleinstwohnungen bis zu zehn Menschen untergebracht waren. Hygienische und soziale Missstände waren aufgrund dieser Dichte an Menschen auf engem Raum die Folge.

Als wesentliche Veränderungen können seitens des Hofes und des Staats die Demolierung der Stadtbefestigungen, die Verbauung der Ringstraßenzone, der Bau wichtiger Eisenbahnen sowie des Arsenals und verschiedener Kasernen aufgezählt werden. Darüber hinaus sind seitens der Stadt neben der Stadterweiterung (Eingliederung der Vorstädte) die erste Hochquellenwasserleitung, die Donauregulierung, der Stadtpark, das Rathaus und der Zentralfriedhof zu erwähnen (MA 8, 2018).

Um die gründerzeitliche Bauperiode, insbesondere im Hinblick auf die Eingriffe in den Altbestand, verstehen zu können, ist ein Wissen zu den Strukturen um 1840 von Bedeutung. Der Baubestand konnte in drei Teile gegliedert werden – die Altstadt, die Vorstädte und die Vororte. In ihnen war jeweils eine Vielzahlt an verschiedenen Wohnbautypen vertreten (Bobeck/Lichtenberger, 1978, S. 61).

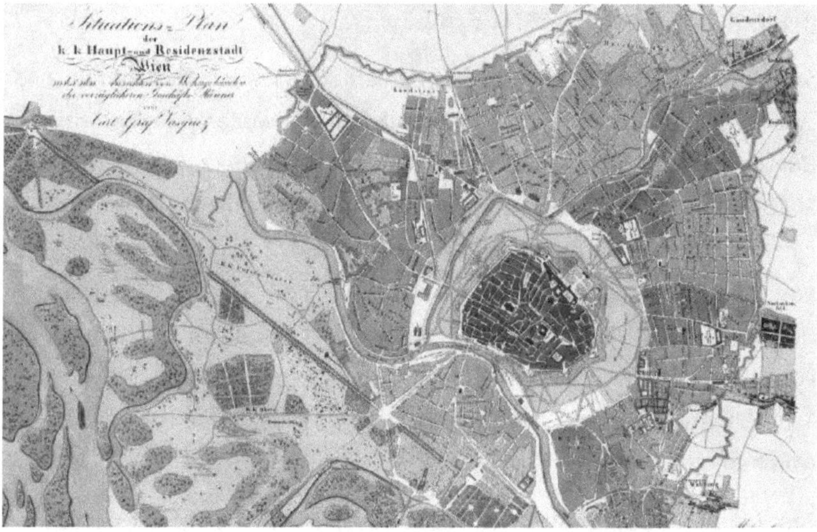

Abbildung 5: Carl Graf Vasquez, Wien um 1830. Quelle: Stadt Wien.

Die Altstadt

Die damalige Altstadt bildet in etwa[1] den heutigen 1. Bezirk und lag innerhalb des Glacis. Sie „wies in der ausgehenden Biedermeierzeit ein viertelweise differenziertes Nebeneinander von öffentlichen Gebäuden, Barockpalästen, Resten alter Bürgerhäuser und Miethäusern hauptsächlich des 18. und der ersten Hälfte des 19. Jahrhunderts auf" (Bobeck/Lichtenberger, 1978, S.63). Schon Mitte des 19. Jahrhunderts wurde ein Verbauungsgrad von 85 % erreicht. Die einzige Möglichkeit, weitere Geschoßfläche zu schaffen, bestand darin die Gebäude aufzustocken. So wurden in der Inneren Stadt zwischen 1795 und 1890 die Gebäude durchschnittlich um ein Geschoß höher (Bobeck/Lichtenberger, 1978, S. 63).

Aufgrund der wachsenden Einwohnerzahl kam es zunehmend zu einer Wohnungsknappheit innerhalb der Altstadt. In weiterer Folge war das Bürgertum gezwungen, sich in den Vorstädten niederzulassen (Abrihan, 2013, S.9). Die Mauer, die als Fortifikationsanlage ihren Nutzen eingebüßt hatte und die Altstadt von der Vorstadt trennte, blieb bis Ende des 18. Jahrhunderts bestehen. Die Gründe waren vor allem im Einspruch des Militärs zu sehen sowie in „der Angst vor den unmittelbar vor der Altstadt sich stark entwickelnden Gewerbe- und Tagelöhnervorstädten mit ihrer unzufriedenen Arbeiterbevölkerung" (Abrihan, 2013, S. 9).

Erst im Jahr 1857 gab Kaiser Franz Joseph den Auftrag zur Schleifung der Basteien und zur Verbauung des Glacis. Diese Entscheidung war für das heutige Stadtbild von wesentlicher Bedeutung

[1] Zur ursprünglichen Altstadt kann nur jener Teil des 1. Bezirks gezählt werden, der von der ehemaligen Stadtmauer umgeben war und sich innerhalb der heutigen Ringstraße befindet. Wesentlich jünger ist die außerhalb der damaligen Stadtbefestigungen liegende und erst in der zweiten Hälfte des 19. Jahrhunderts verbaute Randzone des 1. Bezirks (Fassmann/Hatz, 2009, S. 40).

(Bobeck/Lichtenberger, 1978, S. 42). Die Gestaltung der dadurch frei gewordenen Flächen wurde auf Grundlage eines internationalen Wettbewerbs entschieden. „Ein doppelter Straßenring, der von Anfang an die Funktionsteilung in Repräsentations- und Lastenstraße ermöglichen sollte, trennt Innenstadt und Vorstädte weiterhin deutlich, verklammert sie aber doch gleichzeitig verkehrsmäßig und baulich miteinander" (Bobeck/Lichtenberger, 1978, S. 43). Dennoch gilt die Ringstraße „als ein gelungenes Beispiel für einen breiten Boulevard mit einem für den Klassizismus typischen Eklektizismus an unterschiedlichen Baustilen" (Fassmann/Hatz, 2009, S. 19). Neben dem Rathaus im Stil der Neugotik sind ebenso die klassische Antike durch das Parlament und der Barock mit dem Kunst- und Naturhistorischen Museum vertreten. Im Jahr 1893 fiel schlussendlich auch der Linienwall (Fassmann/Hatz, 2009, S. 19).

Die Vorstädte

Den Bereich zwischen dem Glacis und dem Linienwall (den heutigen Verkehrsachsen Ring und Gürtel) bildeten die einstigen Vorstädte. Die Bebauung war bis Mitte des 19. Jahrhunderts locker, da der Raum von Gemüsefeldern für die Versorgung der Stadt geprägt war. „Gemüsegärten besetzten noch die Gemarkungen von der Weißgerberlände und Erdberg, den zwischen Augarten und Prater liegenden Teil der Leopoldstadt, die Roßau sowie das Gelände im Süden des Wientales von Margareten bis gegen die Wiedner Hauptstraße hin" (Bobeck/Lichtenberger, 1978, S. 64).

Um 1840 war eine zonale Differenzierung der Geschoßzahl zu erkennen. Die Parzellen am Linienwall, welche im Besitz von Gemüsegärtnern oder Milchmeiern waren, wurden in der Regel mit ebenerdigen Häusern von verschiedener Größe und Form bebaut (Abrihan, 2013, S.9). Gegen den Innenrand der Vorstädte war hingegen ein deutlicher Anstieg der Bauhöhe zu vier-, teils auch fünfgeschossigen Bauten üblich. „So blieben die im späten Biedermeier entstandenen Viertel gassenweise noch bis heute recht gut erhalten, während die damals niedrig und locker verbauten Gebiete der gewaltigen gründerzeitlichen Bauwelle kaum Widerstand entgegensetzen konnten" (Bobeck/Lichtenberger, 1978, S. 65). Um die Wohnungsnot abzuwenden, wurden neue Häuserzeilen entlang der Alservorstadt, der Josefstadt und am Heumarkt errichtet. Eingemeindet wurden die Vorstädte schließlich im Jahr 1850 (Abrihan, 2013, S. 9).

Die Vororte

Außerhalb des heutigen Gürtels, des ehemaligen Linienwalls, befanden sich damals die Vororte. Deren Entwicklung war verschieden: Während „dicht am Linienwall, vor den Ausfalltoren der gewerbereichen Vorstädte", Vororte angelegt wurden, wie beispielsweise Neulerchenfeld, entstanden andere, wie Sechs- oder Fünfhaus, willkürlich (Bobeck/Lichtenberger, 1978, S. 67).

In zweigeschoßiger Bebauung mit Seitentrakten, wie sie auch in Vorstädten üblich waren, siedelte sich in erster Linie Gewerbe an. Die im Mittelalter entstandenen weiter entfernt gelegenen Dörfer – zum Beispiel Meidling, Hernals oder Penzing – wiesen ein baulich und sozial mehrschichtiges Gepräge auf (Bobeck/Lichtenberger, 1978, S. 67). Die ehemaligen Weinhauerorte entwickelten sich zunächst zu Milchdörfern und in späterer Folge zu Orten der Sommerfrische, bis schlussendlich durch die Ansiedlung von Großhändlern die Industrialisierung eingeleitet wurde (Bobeck/Lichtenberger, 1978, S. 67). Eingemeindet wurden die Vororte in den Jahren 1890 bis 1892 (Abrihan, 2013, S. 10).

	Altstadt Einwohner (%)	Vorstädte Einwohner (%)	Vororte Einwohner (%)
1870	7,6	63,7	28,7
1890	5,0	53,8	41,2
1910	2,6	47,0	50,4

Tabelle 4: Die zonale Verschiebung der Bevölkerung während der Gründerzeit. Quelle: Bobeck/Lichtenberger, 1978, S. 31

Mit etwa 450 000 Wohnungen, die noch heute den Wiener Wohnungsbestand prägen, kann die Gründerzeitphase als eine der wichtigsten Entwicklungsperioden bezeichnet werden (Bobeck/Lichtenberger, 1978, S. 57). Oftmals wird diese Zeit jedoch mit beengenden und schlechten Lebensverhältnissen in Verbindung gebracht. Mit einem zahlenmäßigen Anstieg von einem Drittel im Jahr 1857 auf die Hälfte im Jahr 1917 sind Kleinstwohnungen charakterisierende Elemente der Gründerzeit (Abrihan, 2013, S. 11). Insbesondere in den Vororten ist gründerzeitliche Bautätigkeit an den zahlreichen Mietshäusern zu erkennen. Im Jahr 1917 sind rund 84,5 % aller Wohnungen in Massenmietshäusern (Bobeck/Lichtenberger, 1978, S. 59). Nichtsdestoweniger müssen die für heutige Verhältnisse unzureichende Ausstattung für Wohnhygiene und die beengenden Wohnverhältnisse in damalige Relationen gesetzt werden. „Die Masse der nach Wien einströmenden Zuwanderer stammte aus den übervölkerten Agrargebieten Mährens und Böhmens, aus bescheidensten Verhältnissen kleinbäuerlicher und gewerblicher Art. Aus ihr rekrutierte sich die geschilderte breite Unterschicht des industriellen Gesellschaftsaufbaus“ (Bobeck/Lichtenberger, 1978, S. 59). Die Klein- und Kleinstwohnungen in Zinskasernen bedeuteten für viele im Grunde eine Verbesserung der Lebensverhältnisse. Allerdings belastete das äußerst kapitalistische Wirtschaftssystem die Arbeiterhaushalte sehr. Die steigenden Mieten beanspruchten in etwa ein Viertel eines Arbeiterlohns, für den Mittelstand war es ein Sechstel. Die Oberschicht benötigte hingegen lediglich ein Zehntel ihres Einkommens, wodurch großer Unmut in der Arbeitergesellschaft entstand (Abrihan, 2013, S. 11). Dies kann durchaus als einer der zentralen Auslösefaktoren für die Entwicklung des Mietrechtsgesetzes gesehen werden (siehe dazu Kapitel 3 – Mietrechtliche Rahmenbedingungen in Gebäuden der Gründerzeit).

Das Gebäude der Gründerzeit im 21. Jahrhundert

Seit der Errichtung um die Jahrhundertwende erlebten die Bauwerke zahlreiche Veränderungen. Einerseits wurden die oftmals üppig dekorierten Fassaden der Gebäude abgeräumt, da sie als billig produzierte Massenware aus Katalogen verunglimpft wurden. Dadurch verloren zahlreiche Gründerzeitbauten ihre gestalterischen Merkmale. Zudem wurden Teile der Bausubstanz im Zweiten Weltkrieg zerstört oder verschwanden in den 1960er-Jahren aufgrund von Abrissen.

Andererseits sind die zu Beginn meist kleinen Wohnungen ohne Toilette und Bad heutzutage beinahe verschwunden (MA 23, 2019). Stattdessen präsentiert sich das Gründerzeithaus mit seinen hohen Räumen und den Parkettböden oftmals als begehrtes Wohnobjekt. Als maßgebliche Impulse haben hierzu unter anderem Förderungen (Wohnungsverbesserungsgesetz 1969, Wohnbauförderungs- und Wohnhaussanierunggesetz 1984), Änderungen des Mietrechts inklusive der Mietzinspreisbildung sowie Änderungen in der Judikatur beigetragen (Hofhans-Matczak, 2018, S.17).

Die Änderungen der Judikatur führten überdies zu vielfältigen neuen Anforderungen an die Bauwerke. Als besonders bedeutendes Erfordernis sind die geänderte Erhaltung und Verbesserung im Sinne des Standes der Technik hervorzuheben. Der Stand der Technik kann in den (an sich nicht rechtsverbindlichen) ÖNORMEN sowie in den Richtlinien des Österreichischen Instituts für Bautechnik (OIB-Richtlinien) eingesehen werden (Kothbauer, 2016, S. 25). Die Durchführung verschiedenster Maßnahmen im Einklang mit den aktuell geltenden Gesetzen und Vorschriften soll die körperliche Sicherheit sämtlicher Personen gewährleisten. Der zivilrechtliche sowie der strafrechtliche Haftungsmaßstab für die Sicherheit des Gebäudes geht dabei jedoch weit über den „konsensgemäßen" Zustand hinaus und orientiert sich am jeweiligen Stand der Technik. Folglich ist es keinesfalls „ausreichend, dass das Gebäude zum Zeitpunkt seiner Errichtung den Bezug habenden Normen entsprochen hat (= ‚konsensgemäß' errichtet wurde), vielmehr bedarf es einer ständigen Nachrüstung nach Maßgabe der technischen Entwicklungen (= dynamische Betrachtung), sofern dies rechtlich, wirtschaftlich und technisch zumutbar ist" (Kothbauer, 2016, S. 25).

Darüber hinaus darf auch die Anpassung im Sinne der Nachhaltigkeit in einem Gebäude der Gründerzeit nicht als Luxus- oder Komfortaspekt verstanden werden, sondern als zukunftssichernde und haftungsvermeidende Aufgabe (Kothbauer, 2016, S. 26).

Hierzu zählt einerseits die Energieeffizienz, welche hinsichtlich der Thematik der Klima- und Energiepolitik eine große Tragweite besitzt. Andererseits ist auch die Schaffung barrierefreier Nutzungsmöglichkeiten für Menschen mit Behinderung ein bedeutender Gesichtspunkt. Seit 31.12.2015 sind diverse Übergangsfristen des Bundes-Behindertengleichstellungsgesetzes (BGStG) abgelaufen. Somit sind bauliche Barrieren, die als mittelbare Diskriminierung betrachtet werden, im Altbau nicht zulässig. Die Realisierung der Forderungen gemäß BGStG stellen jedoch noch eine grundlegende Herausforderung an die EigentümerInnen dar (Hofhans-Matczak, 2018, S.87). Angesprochen sei an dieser Stelle auch die Thematik der Digitalisierung, die rasch Eingang in sämtliche Lebensbereiche findet. Unter dem Schlagwort „Smart Home" werden technische Verfahren und Systeme in Wohnräumen und -häusern zusammengefasst, die eine Erhöhung von Wohn- und Lebensqualität sowie Sicherheit und effizienter Energienutzung durch vernetzte und fernsteuerbare Geräte oder automatisierbare Abläufe als Ziel verfolgen. Inwiefern im Altbaubereich Maßnahmen der Digitalisierung Berücksichtigung finden sollen, steht gegenwärtig zur Diskussion (Junker, 2018, S. 69).

Auch hat die Stadt Wien einen Handlungsbedarf erkannt und den Masterplan „Gründerzeit" im Frühjahr 2018 entwickelt. Darin wird festgehalten, dass die kleinteilige Struktur, die strukturelle Offenheit der Bebauung sowie die funktionale Robustheit und Nutzungsoffenheit als wesentliche Qualitäten der gründerzeitlichen Bauten zu identifizieren sind. Gleichzeitig prägen sie das abwechslungsreiche Straßenbild. Auf der anderen Seite ergeben sich insbesondere durch die zunehmend an ihre Grenzen gehende soziale Infrastruktur diverse Herausforderungen. Zudem sind der hohe Versiegelungsgrad und die oft mangelhafte Frei- und Grünraumversorgung ein wesentliches Problem.

Zentrale Punkte der daraufhin erarbeiten Leitbild-Strategie sind:

- Erhaltenswerten Bestand bewahren
- Soziale Durchmischung durch günstigen Wohnraum erhalten
- Verträgliche Dichten in Blockinnenbereichen
- Kleinklimatische Verhältnisse verbessern
- Wandlungsfähige Erdgeschoßzonen gewährleisten
- Aufenthaltsqualität der öffentlichen Räume steigern
- Alternative Mobilitäts- und Stellplatzkonzepte entwickeln
- Liegenschaftsübergreifende Kooperationen und Vernetzung anregen

Zusammenfassend kann festgehalten werden, dass einerseits EigentümerInnen von Bauwerken aus der Gründerzeit in der heutigen Zeit mannigfaltige Anforderungen zu erfüllen haben. Andererseits wird ebenso die öffentliche Hand zur Erarbeitung von Lösungsansätzen gezwungen. Die Umsetzung stößt auf beiden Seiten durchaus an ihre Grenzen, dennoch ist sie sowohl aus klima- und umweltrelevanten als auch straf- und zivilrechtlichen Aspekten unumgänglich.

3. Mietrechtliche Rahmenbedingungen in Gebäuden der Gründerzeit

3.1 Geschichtliche Entwicklung des Mietrechts – Das österreichische Mietrecht als Schutznorm

Neben den Hintergründen der Entwicklung der Gründerzeithäuser ist von ebenso großer Bedeutung das Verständnis des österreichischen Mietrechts und seiner Entstehungsgeschichte, da dieses auch heutzutage eine zentrale Rolle in der Problematik der Gründerzeithäuser spielt.

Ausgangslage der Vorkriegszeit

Anfang des vergangenen Jahrhunderts existierte noch kein eigenes Mietrecht. Mietverhältnisse wurden durch das Allgemeine Bürgerliche Gesetzbuch (ABGB) geregelt, welches in §§ 1090 ff ABGB die allgemeinen Bestimmungen für Bestandverträge umfasste. Erst mit Beginn des Ersten Weltkrieges und der daraus resultierenden Notwendigkeit eines MieterInnenschutzes änderte sich dies.

Aufgrund des regen Zuzugs in die Haupt- und Residenzstadt Wien, die durch zahlreiche kriegswichtige Fabriken Arbeit bot, war die Nachfrage nach billigen Kleinstwohnungen größer als der Bestand. In den Jahrzehnten vor dem Krieg konnte dieser, trotz der regen Bautätigkeit der Gründerzeit, nicht annähernd gedeckt werden. Zurückzuführen war dies, neben der steigenden Nachfrage, unter anderem auf die geringere Kapitalverwertung im Immobilienbereich als in anderen Anlagebereichen. Die verzögerte Modernisierung des Baugewerbes und die hohen Produktionskosten aufgrund der Löhne können hierfür als Gründe genannt werden (Böhmdorfer, 2016, S. 4). So war die Leerstandsziffer in Wien zumeist unter 1,5 %, in den Jahren 1909 bis 1913 lag sie gar bei 0,5 % (Stampfer, 1995, S. 9). Als Folge dessen stieg der Mietzins.

Darüber hinaus hatten MieterInnen neben den teuren Mietzinsen mit dem fehlenden Kündigungsschutz zu kämpfen, wodurch sich die Lage in den Unterschichten verschärfte. MieterInnen, die ihren Zins beispielsweise aufgrund von Krankheit oder Arbeitslosigkeit nicht aufbringen konnten, konnten ohne Angabe von Gründen seitens der Vermietenden gerichtlich gekündigt werden (Böhmdorfer, 2016, S. 5).

Der Erste Weltkrieg

Mit Ausbruch des Krieges stiegen die Materialpreise und die Bindung des Kapitals in Kriegsanleihen. Dadurch wurden stetig weniger Wohngebäude errichtet, bis ab 1917 faktisch jegliche Bautätigkeit zum Erliegen kam (Böhmdorfer, 2016, S. 7). Gleichzeitig wurden gesetzliche Regulierungen notwendig und der Staat griff sukzessiv in die Wirtschaft ein. Der Herausgeber der Allgemeinen Gerichtszeitung, Landesgerichtsrat Dr. Erwin Hellmer, kommentierte diese Vorgänge mit den Worten, vor dem Krieg wären solche Eingriffe für gänzlich unmöglich gehalten worden (Lindinger, 2014, S. 249).

Die stark steigende Inflation war ein weiterer Auslöser für die Entstehung des Mietrechts. Während die ArbeiterInnen ihre Löhne zum Teil an die Preissteigerung anpassen konnten, traf die Inflation die BeamtInnen mit fixem Gehalt ohne Kaufkraftausgleich finanziell schwer (Böhmdorfer, 2016, S. 7). Damit war die Verarmung durch die kriegsbedingte gesellschaftliche Veränderung auch in der Mittelschicht der Bevölkerung angekommen. Diese drängte in weiterer Folge auf die Erarbeitung eines Mietschutzgesetzes, da sie zugunsten von besser verdienenden Arbeitenden auslogiert wurden. Auch wurde Druck seitens der Armee ausgeübt, aus Furcht vor Desertionen der kämpfenden Soldaten bei Ausmietung ihrer Familien. Ebenso sollte der nicht kasernierte Kader vor Ausmietung bewahrt werden (Stampfer, 1995, S. 24). So begann im Jahr 1916 eine Debatte zum Mieterschutz.

Im Oktober 1916 wurde der erste Entwurf einer Mieterschutzverordnung vom damaligen Sektionschef im Justizministerium und späteren Justizminister Hugo von Schauer vorgelegt. Aufgrund der zu Beginn des Krieges beschlossenen Vertagung des Reichrates und der Möglichkeit der Regierung, „Kaiserliche Notverordnungen“ zu erlassen, wurde das Mieterschutzgesetz lediglich von einem kleinen Kreis von Beamten diskutiert und erarbeitet (Böhmdorfer, 2016, S.8). Durch den aus Sicht der Regierung notwendig gewordenen Eingriff in die Wohnungswirtschaft wurde die Verordnung des Gesamtministeriums zum 26.01.1917, Reichsgesetzblatt 1917/34, erlassen, die den Schutz der MieterInnen näher regelte. Der Ursprung für die gesetzliche Mieterschutzverordnung waren die Kaiserliche Verordnung v 10. 10. 1914, Reichsgesetzblatt 1914/274, sowie die Verordnung v 22. 12. 1915, Reichsgesetzblatt 1914/384 (Lindinger, 2014, S. 250). Die Verordnung sollte bis zur Beruhigung der gesamtwirtschaftlichen Lage, datiert mit 31.12.1918, Geltung besitzen. Als wichtigste Punkte können zusammengefasst werden (Lindinger, 2014, S. 250):

- Vom Schutzzweck der Norm waren nur Mietverhältnisse für kleine und mittlere Wohnungen, nicht jedoch Hausbesorger umfasst.
- Vom sachlichen Anwendungsbereich und Kündigungsschutz waren jene Gebäude ausgenommen, deren baubehördliche Bewilligung nach dem 27.01.1917 erteilt wurde.
- Ein Verbot einer nicht gerechtfertigten Erhöhung des Mietzinses wurde erlassen sowie das Kündigungsrecht der Vermietenden auf wichtige Gründe beschränkt, beispielsweise Eigenbedarf der Vermietenden oder bei Verweigerung der Zinszahlung. Damit sollte eine Umgehung der Mietzinssteigerung durch Androhen der Kündigung verhindert werden.
- Kündigungsstreitigkeiten waren nun beim neu geschaffenen Mietamt geltend zu machen.

- Zugunsten der Vermietenden wurde das Verbot einer ungerechtfertigten Erhöhung des Zinsfußes von Anforderungen auf vermieteten Liegenschaften unterbunden, um sie vor Fälligstellung ihres aufgenommenen Darlehens zu schützen.

Der letztgenannte Punkt sowie die zeitliche Beschränkung lassen darauf schließen, dass der Gesetzgeber keine Umverteilung der Verhältnisse verfolgte, sondern vielmehr eine Lösung für eine stabile Wohnsituation vor Augen hatte. Auch das Ausnehmen einer Preissteigerung bei Wohnungsmieten als einzigem Gebiet des Wirtschaftslebens führte man auf den Konsens zurück, dass es sich um eine Notmaßnahme für Zeiten des Krieges und der davon beeinflussten Jahre handelte (Stampfer, 1995, S.54f).

Als unmittelbare Konsequenzen der 1. Mieterschutzverordnung ergab sich einerseits, dass der Schutz der kleineren und mittleren Wohnungen zu Ausmietungen im deregulierten Markt der großen Wohnungen und Geschäftsräumlichkeiten aufgrund der hohen Wertsteigerungen führte. Die nun Ausgemietenden drängten in weiterer Folge in den regulierten Markt und verschärften die angespannte Lage (Böhmdorfer, 2016, S. 9). Andererseits boten Eigenbedarfskündigungen und unregulierte Untermieten Behelfe zur Umgehung der Mieterschutzverordnung.

Man sah sich daher zu einer Novellierung und dem Erlass der 2. Mieterschutzverordnung genötigt. Im Zuge dieser wurde der Mieterschutz auf alle Wohnungen und Geschäftsräume erweitert. Es bestand jedoch kein Steigerungsverbot für Mieten, stattdessen entschied das Mietamt über das Maß der Erhöhung (Böhmdorfer, 2016, S.10). Ebenso wurden Eigenbedarfskündigungen sowie die Zinssteigerung bei Untermiete erschwert, die Untermieter unter Kündigungsschutz gestellt und den Hauptmietenden gleichgestellt. Darüber hinaus sollte der Handel mit freien Wohnungen unterbunden werden (Lindinger, 2014, S. 250). Die zeitliche Geltungsdauer blieb bei der 2. Mieterschutzverordnung mit 31.12.1918 unverändert.

Der einleuchtende Grund für den Erlass der 3. Mieterschutzverordnung war das baldige Ende der 2. Mieterschutzverordnung. Im Herbst 1918 wurde mit dieser „die Rückkehr zum komplett deregulierten Wohnungsmarkt der Vorkriegszeit“ gemieden (Böhmdorfer, 2016, S. 11). Des Weiteren ergaben sich als Konsequenz der bisherigen Mieterschutzverordnungen teils den Intentionen entgegenlaufende Entwicklungen. Durch den unrentablen Mietzins sank die Zahl der neu zu vermietenden Wohnungen, stattdessen blieben diese zunehmend leer. Unerlaubte Mietgebühren und Ablösen wurden üblicher und Hauptmietende, die für den Auszug Ablösesummen von den Nachmietenden verlangten, waren keine Seltenheit. Auch entstand ein lukratives Geschäft mit der Untervermietung von spärlich möblierten Wohnungen, da dadurch der Untermieterschutz der 2. Mieterschutzverordnung umgangen werden konnte. Zudem waren zahlreiche Mietverträge befristet, wodurch wegen des niedrigen Angebots die Gefahr drohte, dass Mietende obdachlos wurden (Stampfer, 1995, S.91).

Mit der 3. Mieterschutzverordnung wurden folgende Punkte ergänzt (Stampfer, 1995, S.104):

- Gleichstellung der befristeten und unbefristeten Mietverträge
- Schutz der Untermietenden möblierter Wohnungen vor Mietzinserhöhungen und Gleichstellung mit HauptmieterInnen bezüglich des Kündigungsschutzes
- Verschärfte Bestimmungen bezüglich Ablöse und Leistungen, die Mietende ohne Verbindung mit dem Mietverhältnis erbringen müssen
- Sonderschutz für Kriegsheimkehrende auf die Dauer von drei Monaten bezüglich des absoluten Steigerungs- und Wiederhinaufsetzungsverbotes

Jene Verordnung, die nur drei Wochen vor Kriegsende erlassen wurde, sollte aufgrund von Verhältnissen, die „viel zu ungeklärt sind, um voraussehen zu können, wann es zulässig und am Platz sein wird, ihre Bestimmungen zu ändern oder aufzuheben“ (Böhmdorfer, 2016, S. 12), auf unbestimmte Zeit gültig sein. Die Überlegung war, dass mit Kriegsende das Kriegswirtschaftliche Ermächtigungsgesetz ohnehin außer Kraft treten und damit die rechtliche Grundlage verloren gehen würde. Somit wurde unmittelbar vor Ende des Krieges unbeabsichtigt Recht geschaffen, das bis heute die wesentliche Grundlage aller folgenden Mietrechtsbestimmungen in Österreich bildet (Böhmdorfer, 2016, S. 12).

„Dieser erhebliche Eingriff in absolut geschützte Rechte des Eigentümers, der aufgrund seiner Gravität nur für die Dauer der ‚außergewöhnlichen Verhältnisse‘ gedacht war, wurde [wie beschrieben] bereits während der Dauer des Krieges ausgeweitet und hat nun seit nahezu 100 Jahren Bestand“ (Lindinger, 2014, S. 249).

Die politische Diskussion der Zwischenkriegszeit

Am 12. November 1918 wurde die Erste Republik ausgerufen, nachdem die Monarchie zerfallen und der Erste Weltkrieg beendet worden war. Die Christlichsozialen und die Sozialdemokraten bildeten die neue Regierung, die sich mit einer Vielzahl an Problemen auseinanderzusetzen hatte. Nicht nur hatte das neue Staatsgebiet zahlreiche Ressourcen eingebüßt, auch war der Wert der Krone bis 1922 auf ein Vierzehntausendstel seines Vorkriegswertes gefallen (Böhmdorfer, 2016, S.28).

Die Mieterschutzverordnung war wie beinahe alle Verordnungen und Gesetze übernommen worden. Als Folge dessen sowie aufgrund der Hyperinflation hatten Hausherren kaum ein Einkommen aus der Vermietung. Waren in Vorkriegszeiten die Errichtung und Vermietung von Wohnraum dank der Hausherrenrente reizvoll, war diese wegen der fehlenden Wertsicherungsklausel verschwunden (Böhmdorfer, 2016, S. 16). Die Forderung der Hausherren nach einer Mietzinsanhebung blieb ungehört. Im Gegenteil, da viele Wähler der Christlichsozialen Partei Beamte, Angestellte und Geschäftsleute – sprich Mittelstandsangehörige – waren, bedeutete der Mieterschutz die Aufrechterhaltung eines gewissen Lebensstandards beziehungsweise oft die einzige Möglichkeit, mit einem kleinen Unternehmen die wirtschaftlich schwierigen Zeiten zu bestehen (Stampfer, 1995, S. 169).

Das Mietengesetz 1922

Erst im Jänner 1922 wurde der Entwurf eines Mietrechtsgesetzes von den Christlichsozialen vorgebracht, die nunmehr alleinig die Regierung bildeten. Dem voraus ging einerseits die Erkenntnis, dass die Erhaltung der Bausubstanz ein wichtiges Interesse der Allgemeinheit darstellte, und andererseits bestand eine tendenzielle Neigung der Partei zur Lockerung des Mieterschutzes (Mauritsch, 1994, S. 50). Die Sozialdemokraten brachten daraufhin in ihrer Rolle als Opposition einen Gegenentwurf ein. Dieser sah im Speziellen Änderungen der Zusammensetzung der Mieterausschüsse vor sowie bedeutende Einschränkungen der Kündigungsgründe zugunsten der wohnenden Bevölkerung und die zweckgebundene Besteuerung des Mietzinses zur Finanzierung der öffentlichen Bautätigkeit (Stampfer, 1995, S. 166f).

Schlussendlich wurde das Bundesgesetz vom 7. Dezember 1922 über die Miete von Wohnungen und Geschäftsräumlichkeiten (Mietengesetz – MG, BGBl 872/1922) im Nationalrat dank der Stimmen der Sozialdemokraten beschlossen. Zu betonen gilt, dass das Gesetz wohl Widerstand in der Bevölkerung hervorgerufen hätte, wäre es ohne Einbeziehung der Sozialdemokraten erarbeitet worden (Mauritsch, 1994, S. 53). Nun trat erstmals nach der Mieterschutzverordnung ein umfangreicher Mieterschutz auf Bundesebene in Kraft. Angemerkt sei jedoch an dieser Stelle, dass bereits damals das Mietengesetz rechtspolitisch „– wie einer der Mitgestalter und Kommentatoren des Gesetzes, nämlich der sozialdemokratische Abgeordnete und Mietrechtsverhandler Danneberg, später berichtete – ‚das Ergebnis eines schweren Ringens der Parteien“ war, weshalb ‚auch die Sprache des Gesetzes an vielen Stellen nicht gefeilt‘ sei und ‚manche Paragraphen schon etwas lang geraten und auf den ersten Blick nicht ganz leicht verständlich‘ seien“ (Stabentheiner 2012a, nach Danneberg, Das neue Mietengesetz [1929], S. 99).

Als wesentlichste Neuerung wurde unter § 2 des Mietengesetzes die Art der Mietzinspreisbildung eingeführt. Fortan setzte sich der Mietzins aus vier Teilen zusammen (§ 2 Abs. 1 MG BGBl Nr 872/1922):

- dem Grundmietzins, welcher den halben Jahresmietzins mit Stichtag 1. August 1914 betrug („Friedenszins“)
- dem Instandhaltungszinssatz, welcher dem 150-fachen Wert des Jahreszinses von 1914 entsprach und für Instandsetzungsmaßnahmen herangezogen wurde
- den Betriebskosten, welche nach verhältnismäßigen Anteilen aufgeteilt wurden und taxativ aufgezählt waren
- und den öffentlichen Abgaben, welche ebenfalls verhältnismäßig auf die MieterInnen aufgeteilt wurden.

Ebenso von großer Bedeutung waren die Änderungen bezüglich des Kündigungsschutzes in § 19 MG, der unter Abs. 1 eine Kündigung nur aus wichtigen Gründen ermöglichte. Die starke Reglementierung schränkte die HauseigentümerInnen deutlich in ihrem Handlungsspielraum ein. Allerdings waren die Kündigungsgründe nicht taxativ, sondern demonstrativ aufgelistet (§ 19 Abs. 2 MG BGBl Nr 872/1922). Stellt man diese der aktuellen Judikatur in § 30 MRG gegenüber, so lässt sich erkennen, dass „natürlich zwar Abweichungen und Änderungen auszumachen [sind], doch ist im Kern weitgehende Übereinstimmung gegeben“ (Stabentheiner, 2012a, S. 102).

Durch die Festsetzung eines außerordentlich niedrigen Grundmietzinses, welcher eher symbolischen Charakter hatte, wurde die vor dem Krieg übliche Hausherrenrente vorsätzlich abgeschafft. Für Mietende waren Wohnkosten im Vergleich zur Vorkriegszeit, genauso wie im internationalen Vergleich, sehr günstig (Böhmdorfer, 2016, S. 29). Als Konsequenz wurde Wohnraum zunehmend durch die öffentliche Hand steuerfinanziert errichtet, während der private Wohnbau zum Erliegen kam.

Nachfolgende Entwicklungen bis zum Jahr 1981

Nach der ersten Mietengesetznovelle im Jahr 1925 – bei welcher alle Räumlichkeiten, die ab 1. Juni 1925 erstmals vermietet wurden, aus dem gesetzlichen Geltungsbereich herausgenommen wurden, um eine Reduktion des leerstehenden Wohnraums herbeizuführen – erfolgte im Jahr 1929 die 2. Mietengesetznovelle BGBl Nr 1929/210. Diese war insofern von Bedeutung, als erstmals ein abgestuftes Regelwerk mit regionaler Differenzierung eingeführt wurde. Durch Zusammenfassung des Grund- und Instandhaltungszinses zum Hauptmietzins sollte einerseits die Instandhaltung sichergestellt, andererseits der Mietzins schrittweise erhöht werden. In Wien sollte dabei der Mietzins nicht im selben Umfang angehoben werden wie anderorts. Dies wurde durch räumlich unterschiedliche Multiplikationen des Friedenszinses, welcher durch den Jahresmietzins von 1914 festgesetzt war, durchgeführt (Böhmdorfer, 2016, S.35).

Die rechtliche Verankerung von weiteren Kündigungsgründen verfolgte die Intention, einen zusätzlichen Anreiz für EigentümerInnen zu bieten, Wohnraum zu errichten. Im Speziellen ist hier die Möglichkeit der Kündigung zu erwähnen, die bei Abbruchreife in wirtschaftlicher Hinsicht – folglich, wenn die Kosten der Instandsetzung höher sind als die daraufhin folgende Wertsteigerung – eintritt. Ebenso wurde als Kündigungsgrund die Errichtung einer neuen Wohnhausanlage mit mehr

Wohnungen, als bis zum Zeitpunkt des Abbruchs vorhanden waren, hinzugefügt (Böhmdorfer, 2016, nach Schober, Sozialistische Mietrechtsgesetzgebung 1976–1985 unter der Berücksichtigung der Mietzinsliberalisierung im Althausbereich [1989], S. 29).

In der Zeit zwischen 1933 und 1946 wurden mehrere Mietengesetznovellen erlassen. Die erste Mietengesetznovelle der Zweiten Republik im Jahr 1946 diente in erster Linie dem Zweck, rassistisch motivierte Änderungen rückgängig zu machen beziehungsweise umzukehren. So wurden Mietende, die ihren Wohnraum aufgrund des Krieges oder aus diskriminierenden Gründen verloren hatten, von Neuvermietungszuschlägen entbunden. Mietenden, die während der NS-Zeit Vorteile aus den damaligen Gesetzen genossen hatten, konnten diese verrechnet werden (Böhmdorfer, 2016, nach Schober, Sozialistische Mietrechtsgesetzgebung 1976–1985 unter der Berücksichtigung der Mietzinsliberalisierung im Althausbereich [1989], S. 39).

Bis 1967 folgten wiederum Neuerungen sowie die Einführung des Vorgängers des heutigen Wohnbaugemeinnützigkeitsgesetzes, welches einen „dritten Weg" zwischen kommunalem und privatem Wohnbau bot und gemeinhin mit „Genossenschaft" assoziiert wird (Böhmdorfer, 2016, S. 40).

Auch wurde das Wohnhaus-Wiederaufbaugesetz BGBl Nr 1948/130 des Jahres 1948 erlassen, welches eine besondere Mietzinsregelung für Mietobjekte vorsah, die mittels Fondshilfe wiederhergestellt wurden. Darüber hinaus traten das Preisregelungsgesetz 1949 BGBl Nr 1949/166 und das sogenannte Zinsstoppgesetz BGBl Nr 1954/132 in Kraft (Stabentheiner, 2012a, S. 100).

Weitreichende Veränderungen wurden mit dem Mietrechtsänderungsgesetz 1967 BGBl Nr 1967/281 durchgeführt. Neuerungen waren dringend notwendig, da private Gebäude, welche vor 1914 errichtet worden waren, zunehmend vor dem Verfall standen. Ebenso wurde der Ablösewucher bei Neuvermietungen vermehrt zum Problem. Ein wichtiges Ziel war zudem, leerstehenden Wohnraum, der aufgrund der niedrigen Erträge nicht vermietet wurde, wieder auf den Markt zu bringen.

Aufgrund dessen konnten künftig leerstehende Wohnungen ab 01.01.1968 zum freien Mietzins vermietet werden, jedoch musste dies innerhalb eines halben Jahres geschehen. Zugleich musste die Hälfte des über den gesetzlichen Mietzins hinausgehenden Betrags für die Instandhaltung und Verbesserung aufgewandt werden (Böhmdorfer, 2016, S.43). Auch wurde erstmals der Kündigungsschutz gelockert, indem Neu- und Zubauten, die ab 01.01.1968 ohne Inanspruchnahme von öffentlichen Mitteln errichtet worden waren, davon ausgenommen wurden. Des Weiteren konnte bei Neuabschließung eines Mietvertrags für Eigentumswohnungen oder Ein- und Zweifamilienhäuser eine Befristung von fünf Jahren vereinbart werden (Stabentheiner, 2012a, S.100).

Diese völlige Freigabe wurde mit der Mietengesetznovelle im Jahr 1974 BGBl Nr 1974/409 zum Teil wieder zurückgenommen. Für Substandardwohnungen wurde ein gesetzlich zulässiger Höchstmietzins von vier Schilling pro Quadratmeter Nutzfläche festgelegt (Stabentheiner, 2012a, S.100).

Resümierend können die Entwicklungen als bis heute fortwährende Periode einer „ausgeprägten Wellenbewegung“ beschrieben werden (Stabentheiner, 2012a, S.100). Je mehr der Staat in den Markt eingriff, umso weniger hatten private Vermietende einen Anreiz, ihre Wohnungen auf den Markt zu bringen, wodurch sich das Angebot an Wohnraum verringerte. Daraufhin bemühte sich der Staat, Liberalisierungselemente, insbesondere bezüglich des Preisschutzes, zu erlassen. Dies führte „über kurz oder lang unvermeidlich wieder zu einem überbordenden Anstieg des Mietzinsniveaus, dem der Gesetzgeber aus sozialpolitischen

Erwägungen dann wieder durch neue Beschränkungen engere Grenzen zog" (Stabentheiner, 2012a, S. 100).

Einführung des Mietrechtsgesetzes (MRG) 1981

Mit Jahresbeginn 1982 trat das Bundesgesetz über das Mietrecht BGBl Nr 1981/520 (Mietrechtsgesetz – MRG) in Kraft, mit der Intention, die bisherigen Bestimmungen und Sondergesetze, welche das Bestandrecht regelten, zusammenzufassen und zu vereinheitlichen.

Als besonders wichtige Neuerungen können folgende zwei Punkte hervorgehoben werden:

- Das Kategoriesystem

Als Nachfolgegesetz des Mietengesetzes hatte es im Speziellen den Kündigungs- und Befristungsschutz einerseits und den Preisschutz andererseits als Anliegen. „Zu Letzterem etablierte es mit seinem Kategoriesystem zwar eine deutlich weniger strenge Preisregelung als das frühere Friedenskronensystem, doch war dieser Zinsbegrenzungsmechanismus immer noch deutlich spürbar, sah also Höchstbeträge vor, die um Etliches [sic!] unter jenen Werten lagen, die ohne Zinsbegrenzung auf dem so genannten freien Markt erzielbar gewesen wären" (Stabentheiner, 2012a, S. 101). Hierzu wurden die Wohnungen nach ihrer Ausstattung in vier Kategorien unterteilt – von der bestausgestatteten Kategorie A bis zur am schlechtesten ausgestatteten Wohnung der Kategorie D.

Vom Kategoriesystem gab es jedoch zahlreiche Ausnahmen, für welche der angemessene Hauptmietzins verlangt werden konnte. Dies hatte ursprünglich die Intention einer Preisdämpfung, da keine unbegrenzte Zinsvereinbarung zulässig sein sollte, stattdessen ein für den Mietgegenstand nach Größe, Art, Beschaffenheit, Lage, Ausstattungs- und Erhaltungszustand des Mietobjekts angemessener Betrag.

Die jeweiligen Kriterien der Kategorien änderten sich über die Jahrzehnte mehrmalig. Die aktuell geltenden Kategorien sowie die in der derzeitigen Gesetzeslage geltenden Mietzinse werden unter „Die Anwendung der verschiedenen Mietzinse in Gebäuden der Gründerzeit“ näher erläutert.

- Untergliederung in Teil- und Vollanwendungsbereich

Bereits im Mietengesetz des Jahres 1922 waren Ausnahmeregelungen bezüglich der Mietzinsbeschränkung vorhanden, doch wurden sie in der Stammfassung des MRG und den darauf folgenden Novellierungen in den letzten drei Jahrzehnte verschärft (Stabentheiner, 2012b, S.263).

In den Teilanwendungsbereich, welcher auch in der aktuellen Gesetzeslage (BGBl I Nr 58/2018) Gültigkeit besitzt, fielen unter § 1 Abs. 4:

> Z 1 Mietgegenstände, die in Gebäuden gelegen sind, die ohne Zuhilfenahme öffentlicher Mittel auf Grund einer nach dem 30. Juni 1953 erteilten Baubewilligung neu errichtet worden sind,
>
> Z 2 Wohnungen in einem Wohnhaus mit nicht mehr als zwei selbstständigen Wohnungen, wobei Wohnräume, die nachträglich durch einen Ausbau des Dachbodens neu geschafften wurden oder werden, nicht zählen
>
> Z 3 Mietgegenstände, die im Wohnungseigentum stehen, sofern der Mietgegenstand in einem Gebäude gelegen ist, das auf Grund einer nach dem 8. Mai 1945 erteilten Baubewilligung neu errichtet worden ist.

Die angeführten Daten der Stichtage, aufgrund deren Gebäude der Gründerzeit miteingeschlossen werden, haben erhebliche Effekte auf den wirtschaftlichen Ertrag des Gebäudes. Die Wahl des Stichtages ist somit äußerst kritisch zu hinterfragen. Während das Datum 30. Juni 1953 auf den Stichtag des § 1 des Zinsstoppgesetzes und des

Preisregelungsgesetzes 1950 zurückgeführt werden kann, wird die Wahl des Datums 08. Mai 1945 von ExpertInnen als reine Willkür kritisiert (Stabentheiner, 2012b, S.263).

Näher auf die Anwendungsbereiche des MRG wird unter „Anwendungsbereich des Mietrechtsgesetzes“ eingegangen.

Darüber hinaus konnten Altmieten nun valorisiert werden, allerdings sah man von einer Erhöhung ab. Um den Verfall der Bausubstanz zu verhindern, wurden stattdessen durch die Einführung der Paragraphen §§ 45 und 18 neue Möglichkeiten geschaffen. Mittels § 45 hatten EigentümerInnen nun die Möglichkeit, für Erhaltungsmaßnahmen eine Mieterhöhung auf zwei Drittel der jeweiligen Kategorieobergrenze als Zuschlag einzuheben. Dieser musste jedoch zurückerstattet werden, wenn die Erhaltungsmaßnahmen nicht innerhalb von fünf Jahren durchgeführt wurden (Böhmdorfer, 2016, S.46f). Sollten die Einnahmen daraus nicht für die Erhaltungsmaßnahmen genügen, bestand die Möglichkeit, durch § 18 einen Erhaltungsaufwand, der die Obergrenzen der Kategorien überstieg, einzuheben. Die Erträge durften einzig für Erhaltungsmaßnahmen aufgewendet werden, ebenso sank der Mietzins nach Abschluss der Arbeiten auf sein altes Niveau (Böhmdorfer, 2016, S.47).

Das 3. Wohnrechtsänderungsgesetz 1994

Mit dem 3. Wohnrechtsänderungsgesetz 1994 wurde das Kategoriesystem durch das sogenannte Richtwertsystem ersetzt, wodurch es zu einer beträchtlichen Lockerung – mit Ausnahme für die Kategorie-D-Wohnungen – des „Zinsregime[s] des Mietrechtsgesetzes“ kam (Stabentheiner, 2012a, S.102).

Für Mietverträge, die in den Vollanwendungsbereich des MRG fallen und nach dem 01.03.1994 abgeschlossen wurden, wird ein Quadratmeterpreis für eine fiktive Normwohnung je Bundesland festgelegt. Die Notwendigkeit ergab sich aus den Entwicklungen des angemessenen Hauptmietzinses, der zunehmend dem freien Mietzins entsprach. Jedoch „handelt es sich um ein so komplexes und wenig determiniertes Regelungsgebilde, dass es seine Funktion als bereits auf den Vertragsabschluss wirkender Zinsbegrenzungsmechanismus in der Praxis kaum erfüllen kann" (Stabentheiner, 2012a, S.102). Detailliert wird auf den Richtwertmietzins unter „Die Anwendung der verschiedenen Mietzinse in Gebäuden der Gründerzeit" eingegangen.

Resümee

Zusammenfassend kann festgehalten werden, dass die zahlreichen Novellierungen und Änderungen „im Zusammenwirken mit den vielschichtigen und komplexen Bestimmungen über den Anwendungsbereich des MRG dazu [führten], dass das heutige Regulativ über die Begrenzung des Mietzinses sehr unübersichtlich und zersplittert und weitgehend ineffektiv ist" (Stabentheiner, 2012b, S. 261). Darüber hinaus sind wohl auch für den schlechten Ruf des Mietrechtsgesetzes „seine überlangen, kaum überschaubaren Mammutparagraphen und die oft nur schwer verständlichen Formulierungen" verantwortlich. So kann beispielsweise angeführt werden, dass es wohl eine unglückliche Idee war, „das gesamte besondere Außerstreitverfahrensrecht des MRG in einen einzigen Paragraphen (§ 37) zu stopfen, einschließlich des Anwendungsbereichs dieser Verfahrensart, der örtlichen und sachlichen Zuständigkeit sowie der umfänglichen Sonderregelungen zum allgemeinen Außerstreitgesetz" (Stabentheiner, 2012b, S. 262).

Stabentheiner (2012b, S. 262) veranschaulicht den aktuellen Zustand des Mietrechtsgesetzes pointiert:
„Bei politischer Betrachtung ist das MRG für die einen – ebenso wie sein Vorgänger, das Mietengesetz – ein überkommenes Relikt aus den Zeiten des Ersten Weltkriegs und der daran anschließenden Notzeit, das aus heutiger Sicht völlig ungerechtfertigter Weise die Vertragsfreiheit

einschränkt und den Markt in anachronistischer Attitüde zu regulieren versucht; manche titulieren es in diesem Kontext geradezu als ‚Unrechtsgesetz'. Für andere wiederum ist das MRG auch heute noch eine sozialpolitische Notwendigkeit, wobei allerdings bemängelt wird, dass seine Wirkungskraft durch verschiedene Novellierungen gravierend beeinträchtigt wurde. Unabhängig von solchen rechtspolitischen Zuschreibungen ist jedoch in rechtstechnischer Hinsicht ein breitflächiger common sense auszumachen: Das MRG gilt als Paradebeispiel für ein unverständliches, selbst für Juristen ohne Spezialkenntnisse nicht erfassbares Gesetz."

3.2 Mietrechtliche Rahmenbedingungen in Gründerzeithäusern

Anwendungsbereich des Mietrechtsgesetzes

Wie bereits dargelegt wurde, wurden vor Entstehung der ersten Mieterschutzbestimmungen Mietverhältnisse alleinig durch das Allgemeine bürgerliche Gesetzbuch für die gesammten deutschen Erbländer der Oesterreichischen Monarchie (ABGB), StF: JGS Nr. 946/1811, idF BGBl I Nr 100/2018, folgend ABGB, geregelt, welches in §§ 1090 ff ABGB die allgemeinen Bestimmungen für Bestandverträge beinhaltet. Somit sind „die Regelungen des MRG grundsätzlich im Konnex mit dem 25. Hauptstück des ABGB zu verstehen; freilich wird dieser Zusammenhang in den einzelnen Bestimmungen des MRG nicht durchgebildet und nur ausnahmsweise berücksichtigt, wie etwa durch die abgrenzenden Hinweise in § 3 Abs. 1, § 7 Abs. 1 und § 1 Abs. 8 auf korrespondierende Gesetzes-bestimmungen des ABGB. Zuweilen enthalten MRG und ABGB aber auch Parallelbestimmungen, manchmal sogar mit nahezu identischem Wortlaut, zB § 8 Abs. 1 erster Satz MRG und § 1098 ABGB“ (Stabentheiner, 2012b, S. 262).

Um zu entscheiden, ob nun ein Mietobjekt oder ein bestimmtes Mietverhältnis in die Anwendung des MRG oder des ABGB fällt, bedarf es der Untersuchung der Umstände und der Rückfrage beziehungsweise Erforschung der genauen Daten. Beispielsweise: „In welchem Gebäude liegt das Mietobjekt? Wann wurde die Baubewilligung für die Errichtung dieses Gebäudes erteilt? Wurden für die Errichtung des Gebäudes Förderungsmittel in Anspruch genommen? Wurde an der Liegenschaft Wohnungseigentum begründet und wann? Wie groß ist die Wohnung? Steht das Gebäude unter Denkmalschutz? Wann wurde der Mietvertrag abgeschlossen?“ (Stabentheiner, 2012b, S. 265f). Jedoch gelten die

Normen des ABGB nur im Fall, dass das Rechtsverhältnis nicht den Bestimmungen des MRG unterliegt.

Allgemein wird in drei Varianten des Ausmaßes der Anwendbarkeit der Bestimmungen des Bundesgesetzes vom 12. November 1981 über das Mietrecht (Mietrechtsgesetz – MRG), StF: BGBl Nr 520/1981, idF BGBl I Nr 58/2018, folgend MRG, differenziert, die in Kürze dargelegt werden:

Vollanwendungsbereich

Gemäß § 1 Abs. 1 MRG erfasst der Geltungsbereich alle Mietverträge und gleich zu behandelnde Verträge. Es besteht eine Vermutung für die (Voll-)Anwendung des MRG, die lediglich durch einen Nachweis des konkreten Ausnahmebestandes widerlegt werden kann (Würth et al., 2015, S. 12). Folglich kommen für die Miete von Wohnungen sowie einzelnen Wohnungsteilen und Geschäftsräumlichkeiten jeglicher Art sämtliche Bestimmungen des MRG zur Anwendung, sofern keine Ausnahme vorliegt. Jedoch muss angemerkt werden, dass trotz Vorliegen eines Ausnahmetatbestandes aufgrund des Verweises eines anderen Gesetzes oder aufgrund der Einhebung von Erhaltungs- und Verbesserungsbeiträgen trotz allem der Mindestmietzins anzuwenden sein kann (Würth et al., 2015, S. 14).

Teilanwendungsbereich

In § 1 Abs. 4 und 5 MRG werden die Teilanwendungsbereiche angeführt, bei welchen im Wesentlichen lediglich die Bestimmungen betreffend den Kündigungsschutz sowie die Eintrittsrechte naher Angehöriger bei Wohnungen gelten (Würth et al., 2015, S.43). Folglich ist als bedeutender Unterschied zum Vollanwendungsbereich die Tatsache hervorzuheben, dass § 16 MRG nicht gilt und somit Mietzinsbeschränkungen bei entsprechenden Mietverträgen nicht zur Anwendung kommen.

Im Detail gelten nach § 1 Abs. 4 MRG für jene aufgelisteten Teilanwendungsbereiche §§ 14, 16b, 29 bis 36, 45, 46 und 49, nicht jedoch die übrigen Bestimmungen des I. und II. Hauptstückes. Problematisch ist, dass „der Einleitungssatz des § 1 Abs. 4 MRG die im Teilanwendungsbereich zum Tragen kommenden Bestimmungen nach einhelligem Meinungsstand nicht vollständig aufzählt, weil hier auch noch weitere Bestimmungen, nämlich beispielsweise § 2 MRG sowie verschiedene übergangsrechtliche Regelungen, Geltung haben" (Stabentheiner, 2012b, S. 264).

In § 1 Abs. 5 MRG gelten für aufgelistete Mietgegenstände §§ 14 und 29 bis 36, nicht jedoch die übrigen Bestimmungen des I. und II. Hauptstückes.

Stabentheiner (2012b, S.264) hält fest, „dass die sachliche Grenzziehung zwischen Voll- und Teilanwendungsbereich im Grundsätzlichen zwar systematischen Anforderungen genügt, im Einzelnen allerdings nicht ausreichend durchgebildet ist".

(Voll-) Ausnahmebereich

Aufgrund des Umkehrschlusses des Geltungsbereichs des § 1 Abs. 1 MRG fallen selbstständig vermietete Grundstücksflächen sowie neutrale Objekte nicht in den Anwendungsbereich des MRG (Lauda, 2017, S.14). Darüber hinaus werden unter § 1 Abs. 2 MRG taxativ weitere Ausnahmetatbestände aufgezählt, die inhaltlich gesehen vom MRG erfasst sein könnten.

Die Überlegung, ob ein Mietgegenstand in den Teil- beziehungsweise Vollanwendungsbereich des MRG fällt, ist aus augenscheinlichen Gründen von größter Gewichtung. Durch die Ausnahme ist ein deutlich größerer Handlungsspielraum gegeben, nicht nur in Bezug auf die Mietzinsausgestaltung, sondern auch bezüglich der strengen Kündigungsbeschränkungen.

Die Verteilung der abgeschlossenen Mietverträge in Wien kann in Abbildung 9 betrachtet werden. Die Anzahl der Mietverträge, die in den

Vollanwendungsbereich des MRG fallen, ist mit mehr als einem Viertel sehr bedeutend. Richtwertverträge stellen mit 16,7 % in dieser Kategorie den größten Anteil dar. Anzumerken sei an dieser Stelle, dass die Daten bezüglich der Anzahl an Altverträge nicht kohärent sind und im Rahmen der Arbeit nicht überprüft werden konnten. Während Bauer et al. (2018, S. 15) von knapp 14 % aller Hauptwohnsitzwohnungen ausgehen, beträgt der Anteil aller aufrechten Mietverträge nach Geymüller/Christl (2014, S. 29) etwa 11 %.

Auf die verschiedenen Anwendungsbereiche in Gründerzeithäusern wird im Zuge der Erläuterung der verschiedenen Mietzinse im folgenden Punkt eingegangen.

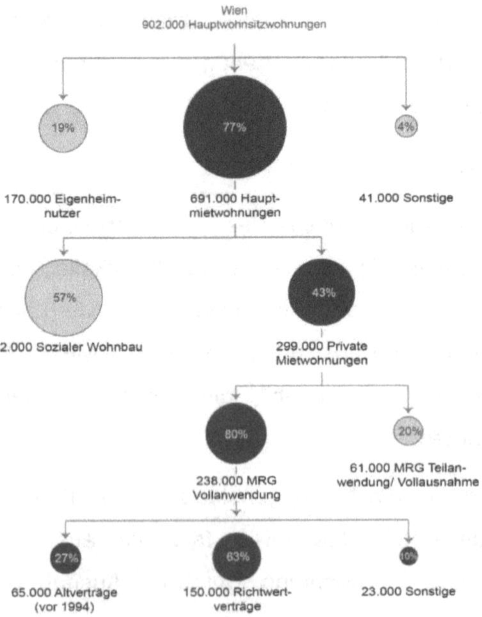

Abbildung 13: Verteilung der Hauptwohnsitzwohnungen in Wien. Quelle: Bauer et al., 2018, S. 15.

Die Anwendung der verschiedenen Mietzinse in Gebäuden der Gründerzeit

Ähnlich komplex wie die Feststellung des Anwendungsbereiches des MRG ist die Bestimmung des anzuwendenden Mietzinses. Ist die Vollausnahme des MRG gegeben, kann der Mietzins – unter Bedachtnahme der Bestimmungen des ABGB – frei vereinbart werden („freier Mietzins"). Fällt der Mietgegenstand in die Anwendbarkeit des MRG, ist als entscheidender Punkt der Zeitpunkt des Abschlusses des Mietvertrags heranzuziehen.

Grundsätzlich kann in folgende Arten von Mietzinsen, neben dem freien Mietzins, differenziert werden (Haberditzl, 2008, S. 17f):

- Den Richtwertmietzins, welcher in § 16 Abs. 2 bis 4 MRG festgelegt ist
- Den angemessenen Hauptmietzins nach § 16 Abs. 1, 10 und 11 sowie § 46c MRG sowie den angemessenen Hauptmietzins bei Geschäftsraummiete unter Bezugnahme auf die Art der Geschäftstätigkeit und der getätigten Investitionen der MieterInnen
- Den Kategoriemietzins
- Den wertbeständigen Mietzins gemäß § 45 MRG
- Den Mietzins beruhend auf förderungsrechtlichen Vorschriften

Folgend werden kurz die wesentlichen Mietzinse und deren Anwendung in einem Gebäude der Gründerzeit dargelegt. Während der freie Mietzins ausschließlich für Wohnungen eines Dachgeschoßausbaus vereinbart werden kann, ist die Art des Mietzinses in den übrigen Stockwerten von zahlreichen Bedingungen abhängig. So können in ein und derselben Wohnung beziehungsweise im selben Gebäude verschiedenste Mietzinse zur Anwendung kommen.

Der freie Mietzins

Die Festlegung des Hauptmietzinses obliegt Vermietenden frei, Mietzinseinschränkungen, wie sie im MRG vorgesehen sind, gibt es nicht. Jedoch kommen die allgemeinen zivilrechtlichen Beschränkungen des ABGB zur Anwendung. Somit ergeben sich allenfalls Einschränkungen hinsichtlich der Regelungen des Wucherverbots, der Sittenwidrigkeit, List, Zwang sowie Drohung beim Vertragsabschluss. Die Mietzinshöhe sollte sich somit nach lokalen Marktgegebenheiten richten. Demgemäß sollte sie Angebot und Nachfrage der gegenständlichen Lage entsprechen (Haberditzl, 2008, S.19).

Der Anwendungsbereich des freien Mietzinses in Gebäuden der Gründerzeit ergibt sich bei:

- Dachbodenausbau oder Aufbau (§ 1 Abs. 4 Z 2 MRG)

Mit der Mietrechtsnovelle 2001 trat dieser Teilausnahmebestand in Kraft. Voraussetzung ist einerseits die Erteilung der Baubewilligung nach dem 31.12.2001 und andererseits ein Abschluss des Mietvertrags nach dem 31.12.2001. Bei Mietgegenständen, die ohne einen mit dem Dachbodenausbau verbundenen Aufbau beziehungsweise Aufstockung errichtet werden, muss der Mietvertragsabschluss nach dem 30.09.2006 erfolgt sein (Haberditzl, 2008, S.24). Davor abgeschlossene Mietverträge fallen in den Vollanwendungsbereich des MRG.

- Zubauten (§ 1 Abs. 2a MRG)

Als Zubau ist ein seitlich angebauter Gebäudeteil zu verstehen beziehungsweise ein Gebäude, das angebaut ist (Duden, 2019). Jene Mietgegenstände, die durch einen Zubau mit einer erteilten Baubewilligung nach dem 30.09.2006 errichtet wurden, fallen nach § 1 Abs. 2a MRG ebenfalls in den Teilanwendungsbereich.

Der angemessene Mietzins

Unter § 16 Abs. 1 MRG wird der sogenannte „angemessene Hauptmietzins" definiert, welcher dem Vollanwendungsbereich des MRG unterliegt. Dieser besagt, dass „Vereinbarungen zwischen dem Vermieter und dem Mieter über die Höhe des Hauptmietzinses für einen in Hauptmiete gemieteten Mietgegenstand bis zu dem für den Mietgegenstand im Zeitpunkt des Abschlusses des Mietvertrages nach Größe, Art, Beschaffenheit, Lage, Ausstattungs- und Erhaltungszustand angemessenen Betrag zulässig" ist. Folglich wird keine höchstzulässige Mietzinsbeschränkung festgelegt, wodurch er sich zumeist im Bereich der marktkonformen ortsüblichen Miete bewegt (Haberditzl, 2008, S. 26). In erster Linie unterscheidet sich demzufolge der angemessene Mietzins vom freien Mietzins durch die Möglichkeit seitens der Mietenden, die Angemessenheit durch ein behördliches Verfahren (Schlichtungsstelle, Gericht) zu überprüfen und gegebenenfalls herabsetzen zu lassen. Darüber hinaus vermindert sich der Mietzins um 25 Prozent, wenn das Mietverhältnis befristet wird (§ 16 Abs.7 MRG).

Anwendung findet der angemessene Mietzins:

- bei Mietgegenständen, die nicht zu Wohnzwecken dienen

§ 16 Abs. 1 MRG führt dazu aus: „Wird ein Mietgegenstand teils als Wohnung, teils als Geschäftsräumlichkeit verwendet, so darf nur der für Wohnungen zulässige Hauptmietzins angerechnet werden, es sei denn, daß [sic!] die Verwendung zu Geschäftszwecken die Verwendung zu Wohnzwecken bedeutend überwiegt."

- bei neu errichteten Mietgegenständen

Gebäude, die mit einer nach dem 8. Mai 1945 erteilten Baubewilligung neu errichtet worden sind oder bei denen der Mietgegenstand aufgrund einer nach dem 8. Mai 1945 erteilten Baubewilligung durch Um-, Auf-,

Ein- oder Zubau neu geschaffen worden ist, fallen in den Anwendungsbereich.

- bei Wohnungen in denkmalgeschützten Gebäuden

Wenn an der Erhaltung des Gebäudes aus Gründen des Denkmalschutzes öffentliches Interesse besteht und „der Vermieter unbeschadet der Gewährung öffentlicher Mittel zu dessen Erhaltung nach dem 8. Mai 1945 erhebliche Eigenmittel aufgewendet hat“ (§ 16 Abs.1 Z3 MRG), ist der angemessene Hauptmietzins heranzuziehen.

- bei Großwohnungen mit über 130 m² der Kategorie A oder B

Neben der Voraussetzung, dass die Wohnung über 130 m² aufweist und der Kategorie A oder B entspricht, muss die Wohnung innerhalb von sechs Monaten nach Räumung durch die vorherigen Mietenden neu vermietet sein. Eine Ausdehnung auf 18 Monate ist möglich, wenn Verbesserungsarbeiten getätigt wurden. Verstreicht diese Frist, ist die Wohnung zum Richtwertmietzins zu vermieten und dieser kann erst bei erneutem Freiwerden und danach folgendem Vermieten innerhalb der Frist auf den angemessenen Mietzins angehoben werden.

- bei nachträglicher (freiwilliger) Mietzinsvereinbarung

Der angemessene Mietzins kann herangezogen werden, wenn „ein unbefristetes Mietverhältnis vorliegt, seit Übergabe des Mietgegenstandes mehr als ein Jahr verstrichen ist und die Vereinbarung über die Höhe des Hauptmietzinses in Schriftform getroffen wird“ (§ 16 Abs. 1 Z 5 MRG). Zu betonen ist hierbei, dass der freiwillig vereinbarte Mietzins keinesfalls die Grenze der Angemessenheit überschreiten darf.

- bei zeitlich begrenzter Mietzinsanhebung (§ 16 Abs. 10 und 11 MRG)

Für jene Mietverhältnisse, die grundsätzlich in die Mietzinsbildungsnormen des § 16 Abs.2 bis 7 MRG (Richtwertmiete beziehungsweise Kategorie-D-Mietzins) fallen, kann eine zeitlich

begrenzte Anhebung auf den angemessenen Mietzins „zur Deckung der Kosten der Erhaltung und von nützlichen Verbesserungen im Sinn der §§ 3 und 4 sowie zur Deckung der Kosten von geförderten Sanierungsmaßnahmen“ (§ 16 Abs. 10 MRG) vorgenommen werden.
Dafür müssen jedoch folgende Punkte zu treffen: Vereinbarungen sind nur in Schriftform zulässig und können frühestens ein halbes Jahr nach Abschluss des Mietvertrags getroffen werden. Das Ausmaß der Erhöhung und der Erhöhungszeitraum sind ausdrücklich in der Vereinbarung festzuhalten. Ebenso sind bei befristeten Mietverträgen solche Vereinbarungen nur zulässig, sofern der Erhöhungszeitraum vor dem Ablauf des Mietverhältnisses endet.

- bei angemessenem Mietzins nach früherer Anhebung des Wohnungsstandards (§ 46c MRG)

Dieser Paragraf wurde eingeführt, um Vermietende, die vor Bekanntwerden der Einführung des Richtwertes im Jahr 1994 Kategorieanhebungen oder Verbesserungen durchgeführt haben, bei der Finanzierung ihrer Investitionen zu unterstützen. Wurde bei Wohnungen der Kategorie A, B oder C eine Standardanhebung zwischen dem 31.12.1967 und dem 01.10.1993 begonnen, so kann bei Neuvermietung ein angemessener Hauptmietzins verrechnet werden. Dies war jedoch längstens 20 Jahre (gerechnet ab dem Abschluss der Arbeiten zur Standardanhebung) möglich, nun (seit 2013) muss in diesen Wohnungen ebenfalls wiederum der Richtwertmietzins herangezogen werden (Haberditzl, 2008, S. 35).

Der Kategoriemietzins

Vor Erlassen des Richtwertgesetzes im Jahr 1993 galt für all jene Wohnungen, für die weder der angemessene noch der freie Mietzins zur Anwendung kam, der Kategoriemietzins. Dieser unterteilte sich je nach Ausstattung in vier Kategorien (A, B, C, D) und definierte abhängig von diesen einen höchstzulässigen Mietzins. Mit dem 3. Wohnrechtsänderungsgesetz wurde der Kategoriemietzins durch den Richtwertmietzins abgelöst. Eine Ausnahme stellen dabei Kategorie-D-Wohnungen dar, die sich weiterhin auf den Kategoriemietzins beziehen. Somit kommt der Kategoriemietzins heutzutage nur zur Anwendung bei:

- Altmietverträgen (zwischen 01.01.1982 und 01.03.1994 abgeschlossen) in Gebäuden mit mehr als zwei Wohnungen, die vor dem 30.06.1953 errichtet wurden,
- und Kategorie-D-Wohnungen

Zum Zeitpunkt des Mietvertragsabschlusses wird die vorliegende Ausstattungskategorie festgelegt, nach dieser richtet sich die Mietzinshöhe. Nachträglich von Mietenden vorgenommene Verbesserungen führen demnach zu keinem Erhöhungsanspruch. Der Gesetzgeber valorisiert überdies laufend die unter § 15 Abs. 3 MRG bestimmten Kategoriesätze (§ 16 Abs. 6 MRG). Mit Stand 01.02.2018 belaufen sich diese auf:

Kategorie A: 3,60 €/m² Nutzfläche je Monat

Kategorie B: 2,70 €/m² Nutzfläche je Monat

Kategorie C: 1,80 €/m² Nutzfläche je Monat

Kategorie D: 0,90 €/m² Nutzfläche je Monat

Exkurs: Die Ausstattungskategorien

- Wohnung der Ausstattungskategorie A:

Eine Wohnung entspricht Kategorie A, „wenn sie in brauchbarem Zustand ist, ihre Nutzfläche mindestens 30 m² beträgt, die Wohnung zumindest aus Zimmer, Küche (Kochnische), Vorraum, Klosett und einer dem zeitgemäßen Standard entsprechenden Badegelegenheit (Baderaum oder Badenische) besteht und über eine gemeinsame Wärmeversorgungsanlage oder eine Etagenheizung oder eine gleichwertige stationäre Heizung und über eine Warmwasseraufbereitung verfügt" (§ 15a Abs. 1 MRG).

- Wohnung der Ausstattungskategorie B:

Kategorie B erfüllt eine Wohnung, „wenn sie in brauchbarem Zustand ist, zumindest aus Zimmer, Küche (Kochnische), Vorraum, Klosett und einer dem zeitgemäßen Standard entsprechenden Badegelegenheit (Baderaum oder Badenische) besteht" (§ 15a Abs. 1 MRG).

- Wohnung der Ausstattungskategorie C:

Eine Wohnung der Kategorie C ist in brauchbarem Zustand und verfügt zumindest über eine Wasserentnahmestelle und ein Klosett im Inneren (§ 15a Abs. 1 MRG).

- Wohnung der Ausstattungskategorie D:

Wohnungen der Kategorie D verfügen entweder über keine Wasserentnahmestelle oder über kein Klosett im Inneren, oder eine dieser beiden Einrichtungen ist bei ihnen nicht brauchbar (§ 15a Abs. 1 MRG).

Im Allgemeinen erscheinen die im Gesetz verankerten Kategorien als übersichtlich. Bei genauerer Auseinandersetzung mit der diesbezüglichen Judikatur sind jedoch die Komplexität und Schwierigkeit bezüglich der

Auslegung zu erkennen. Beispielsweise sei angeführt, dass für eine „zeitgemäße Badegelegenheit" der Kategorie A eine direkte Entlüftung vorhanden sein muss. Desgleichen sei bezüglich des Kategoriemerkmals „Küche" auf die genauere Judikatur verwiesen. Befindet sich die Küche im Vorraum – demgemäß nicht in einem separat abgetrennten Raum – so sind die Anforderungen für eine Wohnung der Kategorie B nicht erfüllt.

Der Richtwertmietzins

Das 3. Wohnrechtsänderungssetz (BGBl Nr 800/1993 vom 26.11.1993) kann als für die derzeitige Lage am Wohnungsmarkt letzte wesentliche Gesetzesänderung – abgesehen von den Regelungen des Richtwertgesetzes über die Valorisierung der Richtwerte – bezeichnet werden (Stabentheiner, 2012a, S. 102). Dem gingen jahrelange politische Diskussionen voraus. Die Wohnrechtsnovelle im Jahr 1985 und die Rechtsprechung zur Zulassung der Vergleichswertmethode zur Bestimmung des angemessenen Hauptmietzinses führten verstärkt zu einer Annäherung an die Mieten am freien Markt (Haberditzl, 2008, S. 39). Ziel war folglich, eine neue „Angemessenheit" zu definieren und gleichzeitig regionale Unterschiede zu berücksichtigen.

Das Bundesgesetz über die Festsetzung des Richtwertes für die mietrechtliche Normwohnung (Richtwertgesetz – RichtWG) trat mit 01.03.1994 in Kraft und wird bei Mietrechtsverhältnissen in Gebäuden mit einer Baugenehmigung vor dem 09.05.1945 für Wohnungen der Kategorie A, B und C herangezogen, die nach dem 01.03.1994 abgeschlossen wurden.

Der Richtwert entspricht jenem Betrag, der für die sogenannte „mietrechtliche Normwohnung" (definiert in § 2 RichtWG) pro Quadratmeter Nutzfläche, abhängig vom Bundesland und von der Kategorie, festgelegt ist. Er wird vom Bundesministerium für Justiz kundgemacht und bildet die Grundlage zur Berechnung des

Hauptmietzinses nach § 16 Abs. 2 MRG. Demnach sind für die Berechnung des höchstzulässigen Hauptmietzinses im Vergleich zur mietrechtlichen Normwohnung „entsprechende Zuschläge zum oder Abstriche vom Richtwert für werterhöhende oder wertvermindernde Abweichungen vom Standard der mietrechtlichen Normwohnung nach der allgemeinen Verkehrsauffassung und der Erfahrung des täglichen Lebens vorzunehmen" (§ 16 Abs. 2 MRG). Es handelt sich überdies um einen Hauptmietzins, der in seiner Höhe durch den angemessenen Mietzins nach oben und durch den Kategoriemietzins nach unten beschränkt ist.

Mit Stand 01.04.2019 beträgt der Richtwert für Kategorie-A-Wohnungen je Quadratmeter Nutzfläche in:

Wien:	*€ 5,81*
Burgenland:	€ 5,30
Kärnten:	€ 6,80
Niederösterreich:	€ 5,96
Oberösterreich:	€ 6,29
Salzburg:	€ 8,03
Steiermark:	€ 8,02
Tirol:	€ 7,09
Vorarlberg:	€ 8,92

Da lediglich ein Richtwert für Wohnungen der Kategorie A angegeben wird, empfehlen die vom Bundesministerium für Justiz eingerichteten Beiräte für Wohnungen der Kategorie B einen Abstrich von 25 %, für jene der Kategorie C 50 % (Haberditzl, 2008, S. 60).

Zu erkennen ist des Weiteren, dass einzig im Burgenland der Richtwert niedriger angesetzt ist als in Wien. Diese Tatsache führte in der Vergangenheit zu einer Klage seitens der Vermietenden, die die nach Bundesland unterschiedlich hohen Richtwerte anfochten. Der Verfassungsgerichtshof wies jedoch die Bedenken am Maßstab des Gleichheitssatzes, des Grundrechts auf Eigentum sowie des Grundrechts auf Freiheit der Erwerbsbetätigung als nicht verfassungswidrig im Sommer 2017 (Erkenntnis vom 19. Juli 2017 G 428/2016, V 75/2016 ua., G 34/2017, V 26/2017 ua.) ab. Er argumentierte, dass der Gleichheitsgrundsatz sachlich nicht begründbare Regelungen zwar verbiete, jedoch der Gesetzgeber innerhalb dieser Schranken „– wie auch der Europäische Gerichtshof für Menschenrechte im Zusammenhang mit gesetzlichen Mietzinsbeschränkungen mehrfach ausgeführt hat – frei [sei], seine politischen Zielvorstellungen zu verfolgen. Mit der Festsetzung der Richtwerte hat der Gesetzgeber seinen rechtspolitischen Gestaltungsspielraum nicht überschritten“ (VfGH 2017).

Als ausschlaggebende Einheit für die Bestimmung des Richtwertes ist die Normwohnung entscheidend. Sie wird folgendermaßen definiert: „Die mietrechtliche Normwohnung ist eine Wohnung mit einer Nutzfläche zwischen 30 Quadratmeter und 130 Quadratmeter in brauchbarem Zustand, die aus Zimmer, Küche (Kochnische), Vorraum, Klosett und einer dem zeitgemäßen Standard entsprechenden Badegelegenheit (Baderaum oder Badenische) besteht, über eine Etagenheizung oder eine gleichwertige stationäre Heizung verfügt und in einem Gebäude mit ordnungsgemäßem Erhaltungszustand auf einer Liegenschaft mit durchschnittlicher Lage (Wohnumgebung) gelegen ist“ (§ 2 Abs. 1 RichtWG).

Auf den ordnungsgemäßen Erhaltungszustand soll im Zuge dieser Arbeit nicht eingegangen werden, jedoch wird aufgrund der bedeutenden Reichweite die Thematik der „durchschnittlichen Lage“ aufgegriffen. Nach § 2 Abs. 3 RichtWG ist die durchschnittliche Lage (Wohnumgebung) „nach der allgemeinen Verkehrsauffassung und der Erfahrung des täglichen Lebens zu beurteilen, wobei eine Lage (Wohnumgebung) mit einem überwiegenden Gebäudebestand, der in der Zeit von 1870 bis 1917 errichtet wurde und im Zeitpunkt der Errichtung überwiegend kleine, mangelhaft ausgestattete Wohnungen (Wohnungen der

Ausstattungskategorie D) aufgewiesen hat, höchstens als durchschnittlich einzustufen ist".

Während der erste Abschnitt des Paragrafen äußerst vage verfasst ist, ist der zweite Teil erstaunlich detailliert ausformuliert. Die beschriebene Lage wird allgemeinhin als „Gründerzeitviertel" (LGZ Wien 6.6.2006, 41 R 28/05d MietSlg 58.264) bezeichnet.

Durch den Paragrafen wird festgelegt, dass „derart zweifach qualifizierte Lagen [...] von der Verrechnung eines Lagezuschlags absolut ausgeschlossen [sind]. Dabei ist wesentlich, dass eines der Kriterien ausschließlich auf die historischen Verhältnisse in der Lage abstellt, während das andere gegenwartsbezogen ist und die aktuellen Verhältnisse des Gebäudebestands in der Lage untersucht" (Richter, 2017, S. 202). Inwiefern diese Bestimmung die Verfassungskonformität berücksichtigt, sei dahingestellt (Würth et a., 2015, S. 260). Dennoch muss folglich aus Sicht der Vermietenden stets geprüft werden, inwiefern in der konkreten Lage das gegenwartsbezogene Definitionsmerkmal (überwiegender Gebäudebestand, der in der Zeit von 1870 bis 1917 errichtet wurde) zum aktuellen Zeitpunkt noch zutrifft (Richter, 2017, S. 203).

Um einen interessanten Aspekt erweitert wurde die Thematik durch die kürzliche höchstgerichtliche Entscheidung des OGH. In dieser hielt der OGH fest, dass keinesfalls eine Ausdehnung der Regelungen für Gründerzeitviertel „auf einen überwiegenden Gebäudebestand, der in der Zeit vor 1917 errichtet wurde" zulässig sei (5Ob198/18f). Somit sind die Bestimmungen der Gründerzeitviertel für Gebäude, die älter als diese sind, nicht anzuwenden.

Ein weiteres bedeutendes OGH-Urteil war jenes vom 20.11.2017. Seit diesem ist es nicht mehr möglich, auf die Lagezuschlagskarte der Stadt Wien zurückzugreifen. Bisher konnten bei der Beurteilung, ob eine Lage in einer bestimmten Wohnumgebung als überdurchschnittlich anzusehen ist, die (in der Lagezuschlagskarte abgebildeten) Grundkostenanteile herangezogen werden. Nun ist ein umfassendes Gutachten über die Anwendbarkeit eines Lagezuschlages notwendig, bei welchem die Beurteilung aus der allgemeinen Verkehrsauffassung und aus der Erfahrung des täglichen Lebens abzuleiten ist. Kritik wird von Seiten der Vermietenden geübt, da die Lagezuschlagskarte für bestehende Verträge nicht länger verbindlich ist und Mietende rückwirkend ihre Ansprüche geltend machen können.

Doch nicht nur die Bestimmung des Lagezuschlags ist problematisch. Die Festlegung von Zu- und Abschlägen ist im Allgemeinen ein schwieriges Unterfangen. Durch die unklare Begriffswahl des Gesetzgebers bezüglich der allgemeinen Verkehrsauffassung und der Erfahrung des täglichen Lebens herrscht in der Literatur Uneinigkeit, welche Zu- und Abschläge in welcher Höhe vorzunehmen sind (Haberditzl, 2008, S.46).

Darüber hinaus entstand eine Rechtsverunsicherung aufgrund der sich im Laufe der Zeit mehrmals geänderten Anpassung des Richtwertes. Ursprünglich intendierte der Gesetzgeber eine jährliche Valorisierung am Verbraucherpreis des Jahres 1986. Ebenso sah § 6 RichtWG eine Neufestsetzung des Richtwertes vor, „wenn die Veränderung des Baupreisindex für den Wohnhaus- und Siedlungsbau von der Veränderung des Verbraucherpreisindex 1986 oder des an seine Stelle tretenden Index seit der letztmaligen Festsetzung des Richtwertes insgesamt um mehr als 10 %“ abweicht. Durch das Deregulierungsgesetz 2006 wurde jedoch die Bindung des Richtwertes an die Baupreise aufgehoben. Begründet wurde dieser Schritt einerseits durch eine Verminderung der mietrechtlichen Regelungsdichte, andererseits durch den hohen Administrativaufwand und die damit verbundenen beträchtlichen Kosten (Parlament 2006). Aus sozialpolitischen Überlegungen wurde im Inflationslinderungsgesetz 2008 festgelegt, Richtwerte fortan gesetzlich zu bestimmen und sie an den günstigeren

Verbraucherpreisindex anzupassen (Parlament 2008). Mit der Wohnrechtsnovelle 2009 wurde die jährliche Anpassung auf eine Anpassung im Zwei-Jahres-Abstand, stets am 01. April, abgeändert. Doch selbst diese wurde im Jahr 2016 ausgesetzt und erst im Jahr 2017 wiederum angepasst. Es ist folglich verständlich, wenn seitens der Vermietenden Verunsicherung herrscht.

Resümierend kann bereits in diesem kurzen Überblick die Erkenntnis der Komplexität des Mietrechtsgesetzes gewonnen werden. Stabentheiner (2012b, S.264) formuliert bezüglich der Feststellung des Hauptmietzinses die notwendige Vorgehensweise amüsant:

„Wenn sich der Rechtsanwender durch den Dschungel der dafür nach § 1 MRG zu lösenden Einzelfragen durchgekämpft hat und zur Erkenntnis gekommen ist, dass auf das Mietverhältnis an einem konkreten Objekt das MRG zur Gänze anzuwenden ist, hat er damit nur die äußere Burgmauer jener Wehranlage überwunden, in der der Kelch der mietrechtlichen Erleuchtung gehütet wird. Um tiefer ins Innere vorzudringen und etwa das Rätsel zu lösen, welches Mietzinsregime er für sein Rechtsverhältnis heranzuziehen hat, muss er weitere Aufgaben bestehen. Und auch damit ist er noch nicht am Ziel angelangt – unter dem Banner des jeweils zutreffenden Mietzinsregimes ist dann erst die oft hochkomplexe Herausforderung zu bewältigen, den höchstzulässigen Hauptmietzins für das Objekt herauszufinden.“

Mietrechtliche Rahmenbedingungen bei Sanierung von Gebäuden der Gründerzeit

„Auch ein durchgreifend rundum saniertes und thermisch verbessertes Gründerzeitgebäude, das sowohl wirtschaftlich als auch hinsichtlich seiner bautechnischen Gebäude- und Wohnungsausstattungsstandards mit den zeitgemäßen Anforderungen eines Neubaus konkurrieren kann, bleibt in mietrechtlicher Hinsicht weiterhin, was es bisher war – ein Altbau im Vollanwendungsbereich des MRG“ (Sammer, 2011, S. 332).

Folglich bestehen auch in umfassend sanierten Gebäuden der Gründerzeit die jeweiligen gesetzlichen Mietzinsbeschränkungen. Diese spielen bei Entscheidungen von Sanierungsmaßnahmen eine wesentliche Rolle. Somit ist die Frage, inwiefern „die mit einer durchgreifenden Sanierung eines Gründerzeitgebäudes verbundenen Aufwendungen innerhalb der mietzinsrechtlich vorgegebenen Schranken finanziert werden“ können, berechtigt (Sammer, 2011, S.332). Im Zuge der Arbeit wird jedoch aus Gründen des Umfangs nicht detailliert darauf eingegangen.

Bei Neuvermietung nach erfolgter Modernisierung kann ein Ausnahmetatbestand die Vereinbarung eines angemessenen oder freien Mietzinses rechtfertigen. Darüber hinaus können sich befristete Ausnahmen aufgrund eines Mietzinserhöhungsverfahrens gemäß § 18 MRG oder infolge „förderrechtlicher Bestimmungen im Rahmen einer Sockel- oder Totalsanierung ergeben, da ein anzuwendender förderungsrechtlicher Mietzins den Mietzinsbeschränkungen des MRG vorgeht“ (Sammer, 2011, S.333).

Folgende Tabelle gibt einen Überblick über die möglichen Mietzinsbeschränkungen:

	Frei finanzierte Sanierung, Erhaltungsförderung, Thewosan	Sockelsanierung	Totalsanierung
Aufrechte Mietverhältnisse	Mietzinsanhebung ausschließlich über • §-18-Erhöhung oder • freiwillige (schriftliche) Vereinbarung	Mietzinsanhebung ausschließlich über • Erhöhung (diese ersetzt Deckungsmiete) oder • freiwillige (schriftliche) Vereinbarung, höchstens jedoch der kostendeckende Mietzins	
Mietzins bei Neuverträgen	Jeweils gesetzlich zulässiger Mietzins: • Richtwert • Angemessener Mietzins • Freier Mietzins	• Bei Objekten, an denen geförderte wohnungsinnenseitige Maßnahmen (Kategorieanhebungen) durchgeführt wurden: Deckungsmiete auf Förderdauer; danach gesetzlich zulässiger MZ. • Für alle übrigen Objekte: gesetzlich zulässiger MZ	• Bei Objekten, an denen geförderte wohnungs-innenseitige Maßnahmen (Kategorie-anhebungen) durchgeführt wurden: Deckungsmiete auf Förderdauer, danach gesetzlich zulässiger MZ. • Für alle übrigen Objekte: gesetzlich zulässiger MZ

Tabelle 5: Mietzinsbegrenzungen bei Neuvermietung nach erfolgter Modernisierung. Quelle: Sammer, 2011, S. 333.

Erhöhung des Mietzinses gemäß § 18 MRG:

Nach § 3 Abs. 1 MRG sind die Vermietenden nach Maßgabe der rechtlichen, wirtschaftlichen und technischen Gegebenheiten und Möglichkeiten dafür verantwortlich, „dass das Haus, die Mietgegenstände und die der gemeinsamen Benützung der Bewohner des Hauses dienenden Anlagen im jeweils ortsüblichen Standard erhalten und erhebliche Gefahren für die Gesundheit der Bewohner beseitigt werden".

§ 18 MRG ermöglicht eine Erhöhung des Hauptmietzinses zur Deckung der Kosten für größere Erhaltungsarbeiten. Dazu wird angeführt: „Finden die Kosten einer vom Vermieter durchzuführenden, unmittelbar heranstehenden größeren Erhaltungsarbeit einschließlich der nach § 3 Abs. 3 Z 1 anrechenbaren Verzinsung und Geldbeschaffungskosten in der Summe der sich in den vorausgegangenen zehn Kalenderjahren ergebenden Mietzinsreserven oder Mietzinsabgänge keine Deckung und übersteigen sie die während des Verteilungszeitraums zu erwartenden Hauptmietzinseinnahmen, so kann zur Deckung des Fehlbetrags eine Erhöhung des Hauptmietzinses begehrt werden."

Freiwillige Vereinbarung (§ 16 Abs. 1 Z 5 oder § 16 Abs. 10 MRG):

In § 16 Abs. 1 Z 5 MRG wird festgelegt, dass Vereinbarungen zwischen dem/der Vermietenden und dem/der Mietenden über die Höhe des Hauptmietzinses für einen in Hauptmiete gemieteten Mietgegenstand bis zu dem für den Mietgegenstand im Zeitpunkt des Abschlusses des Mietvertrages nach Größe, Art, Beschaffenheit, Lage, Ausstattungs- und Erhaltungszustand angemessenen Betrag zulässig sind, wenn:

- ein unbefristetes Mietverhältnis vorliegt,
- seit Übergabe des Mietgegenstandes mehr als ein Jahr verstrichen ist und
- die Vereinbarung über die Höhe des Hauptmietzinses in Schriftform getroffen wird.

Auch § 16 Abs. 10 MRG legt dar, dass keine Beschränkungen „für Vereinbarungen über die zeitlich begrenzte Erhöhung des Hauptmietzinses zur Deckung der Kosten der Erhaltung und von nützlichen Verbesserungen im Sinn der §§ 3 und 4 sowie zur Deckung der Kosten von geförderten Sanierungsmaßnahmen“ zulässig sind. „Solche Vereinbarungen sind nur in Schriftform und frühestens ein halbes Jahr nach Abschluß [sic!] des Mietvertrags zulässig; das Ausmaß der Erhöhung und der Erhöhungszeitraum sind ausdrücklich zu vereinbaren. Bei befristeten Mietverträgen sind solche Vereinbarungen überdies nur zulässig, sofern der Erhöhungszeitraum vor dem Ablauf des Mietverhältnisses endet“ (§ 16 Abs. 10 MRG).

„Deckungsmiete“ nach dem Wiener Wohnbauförderungs- und Wohnhaussanierungsgesetz (WWFSG):

Die Deckungsmiete kommt nach § 64 des Gesetz über die Förderung des Wohnungsneubaus und der Wohnhaussanierung und die Gewährung von Wohnbeihilfe (Wiener Wohnbauförderungs- und Wohnhaus-sanierungsgesetz – WWFSG 1989), StF.: LGBl. Nr. 18/1989, idF LGBl Nr 69/2018, folgend WWFSG 1989, bei Überlassung eines im Standard angehobenen Mietgegenstands, der mit wohnungsinnenseitigen Sanierungsmaßnahmen gefördert wurde, sowie bei Überlassung eines durch Dachgeschoßausbauten, Auf- und Zubauten neu geschaffenen Mietgegenstands (Zubau, DG-Ausbau im Rahmen von Sockel- oder Totalsanierungen/Thewosan) zur Anwendung. Es ist jedenfalls höchstens ein kostendeckender Mietzins (Deckungsmiete) zulässig. Dementsprechend sind „für jene Mietgegenstände der Liegenschaft, die nicht wohnungsinnenseitig mit Fördermitteln ‚aufkategorisiert‘ wurden, [...] weiterhin die Mietzinsbildungsvorschriften des MRG heranzuziehen“ (Sammer, 2011, S. 333).

4. Ausgewählte raumordnungsbezogene Aspekte zur Erhaltung von Gebäuden der Gründerzeit

Als Raumordnung ist „die Gesamtheit aller Maßnahmen der öffentlichen Gebietskörperschaften hoheitlicher und privatwirtschaftlicher Art zu verstehen, die darauf abzielen, das gemeinsame Territorium nach bestimmten politischen Zielvorstellungen zu gestalten. Diese beziehen sich auf wirtschaftliche, soziale, kulturelle und Umweltverhältnisse. Raumordnung umfaßt [sic!] demnach nicht nur die vorausschauende Planung der zulässigen Bodennutzung (z. B. Flächenwidmungsplan), sondern auch jene raumbezogenen und raumwirksamen Maßnahmen, die auf die räumliche Gestaltung Einfluß [sic!] nehmen (z.B. Verkehrsausbau, Wirtschaftsförderung)“ (Schindegger, 2001, S. 382).

Ein zentraler Aspekt der Raumordnung ist ihr Facettenreichtum. Somit werden im Zuge der Auseinandersetzung mit der gegebenen Problemstellung die unterschiedlichsten Ansichten und Perspektiven aufgeworfen. Dabei liegt die Intention nicht auf einer abschließenden Bearbeitung, sondern vielmehr auf dem Aufzeigen und Anregen einer Diskussion.

Raumplanung vereint als Querschnittsmaterie unterschiedliche wissenschaftliche Disziplinen in sich. So beinhaltet sie neben der klassischen Raumordnung beispielsweise auch Facetten der Immobilienwirtschaft, der Soziologie, der Umwelt oder der Rechtswissenschaft. Dementsprechend fließen zahlreiche Faktoren in eine Beurteilung der Situation der Gebäude der Gründerzeit mit ein. Folgend sollen wesentliche Punkte dargelegt werden.

4.1 Sanierung statt Neubau?

Um der Ausarbeitung der raumplanerischen Thematik einen Rahmen zu geben, wird der Frage nach der Abwägung einer Sanierung gegenüber einem Neubau nachgegangen. Allerdings wäre, um die Frage, ob und wann eine Sanierung einem Neubau vorzuziehen sei, adäquat beantworten zu können, eine eigenständige Arbeit notwendig. Dennoch sind bei einem groben Überblick zentrale Argumente, die für oder gegen eine Sanierung sprechen, zu eruieren.

Ökologische Überlegungen

Die Errichtung von Gebäuden und deren Nutzung sowie die Herstellung der benötigten Baumaterialien, die Instandhaltung und Sanierung sowie ein möglicher Abriss haben durch die in Anspruch genommenen Rohstoffe, Flächen und Energie erheblichen Einfluss auf die Umwelt. Daher ist aus ökologischer Sicht ein schonender Umgang mit diesen Ressourcen, die Verwendung von umweltschonenden Baumaterialien, eine lange Nutzungsdauer und die Art der Entsorgungsmöglichkeit beziehungsweise des Recyclings der Baurestmasse bedeutend (Graubner/Hüske, 2003, S. 6).

In der heutigen Baukultur wird zumeist für die Rohbaukonstruktion auf Stahlbeton zurückgegriffen. Diese ermöglicht kaum und nur mit hohem Aufwand verbundene Veränderungen. Auch ist das Raumklima aufgrund der niedrigen Höhen weniger attraktiv (Swittalek, 2018, S. 4). Außerdem schränken die kleinteiligen Strukturen mit funktionsfestgelegten Räumen die Nutzungsflexibilität stark ein.

„Außen wird auf diese Stahlbetonkonstruktion in der Regel eine kurzlebige, synthetische, leicht brennbare Wärmedämmung angebracht, die im Brandfall stark toxische Dämpfe abgibt und in der Entsorgung sehr teuer ist. Die Fassade selbst wird durch einen dünnen, klebeartigen Putz hergestellt, der vergleichsweise kurze Sanierungsintervalle erfordert. Dazu werden Fenster eingebaut, die so dicht ausgebildet sind, dass ein brauchbares Raumklima nur aufwendig durch Zwangslüftungen oder kontrollierte Wohnraumentlüftung sichergestellt werden kann“ (Swittalek, 2018, S. 4). Darüber hinaus ist ebenso der Wartungsaufwand bei diesem Typ von Gebäuden hoch und die Lebensdauer zahlreicher Gebäudebestandteile ist mit 40 Jahren nur knapp bemessen.

Konträr dazu stehen die Gebäude der Gründerzeit in ihrer Konstruktion. Seit mehr als hundert Jahren prägen sie das Stadtbild. Die Rohbaukonstruktion ist aus einem Ziegelmauerwerk, wodurch das Gebäude atmungsaktiv ist und das Raumklima angenehm wirkt (Swittalek, 2018, S. 4). Außerdem ergibt sich durch die Dicke der Außenwände ein guter Schallschutz.

Einen Reiz bieten Gebäude der Gründerzeit ebenfalls aufgrund ihrer Flexibilität. Die hohen Räume ermöglichen eine vielfältige Umnutzung und somit ein hohes Anpassungsniveau an den geforderten Bedarf. Zugleich kann der Raum aufgrund der Höhe zum Teil in zwei Ebenen genutzt werden und bietet aufgrund dessen mehr Fläche (die zudem nicht als Nutzfläche in die Berechnung des Mietzinses miteinfließt). Durch die verstärkten Außenwände, die die weitläufigen Decken tragen, und die orthogonal sowie einheitlich errichtete Tragstruktur sind die Räume nutzungsneutral (Schreder, 2016, S. 34). Abhängig sind mögliche Nutzungen allerdings vom baulichen Allgemeinzustand des Gebäudes, ebenso spielen das Alter und die Bau- und Nutzungsgeschichte eine Rolle.

Darüber hinaus ist die damals verwendete Kalkputzfassade „ausgesprochen langlebig, wartungsarm und diffusionsoffen. Sie ist durchgehend aus nachhaltigen Baustoffen errichtet, die zu einem hohen Anteil wiederverwendbar sind, keine Schadstoffe abgegeben und damit auch problemlos zu entsorgen sind“ (Swittalek, 2018, S. 4). Allerdings ist festzuhalten, dass nicht alle Gebäude dasselbe Maß an Qualität aufweisen und jedenfalls eine Einzelprüfung durchzuführen ist, um eine Aussage zur Bausubstanz machen zu können. Desgleichen sind die Fassaden durch Abgasemissionen der Autos zunehmend beschädigt worden und bedürfen oftmals einer umfassenden Sanierung. Zudem ist im Laufe der Jahre häufig Wasser in Keller- und Geschoßwände eingetreten, wodurch Feuchtigkeit sowie Schimmel an und in den Wänden entstanden ist (Schreder, 2016, S. 35). Dies ist auch der wesentlichste Grund, weshalb die technische Lebensdauer der Gründerzeithäuser beschränkt wird. Denn grundsätzlich kann angenommen werden, dass bei regelmäßigen und ordentlichen Erhaltungsmaßnahmen sowie einer intakten Tragkonstruktion die Lebensdauer nahezu beliebig verlängert werden kann. Zurückzuführen ist dies auf die überdimensionierte Tragkonstruktion, die die Langlebigkeit der Bauteile positiv beeinflusst (Sanchez de la Cerda, 2018, S. 77).

Zu bedenken gilt jedoch die erschwerte Möglichkeit einer nachträglichen Stadtverdichtung. Durch einen Dachbodenausbau kann im Allgemeinen die Nutzfläche erweitert werden. Ebenso gäbe es in Wien Bestandsgebäude, die sich für eine Aufstockung (aufgrund einer unter der zulässigen Gebäudehöhe liegenden Traufenkante) eignen würden. „Wie sich jedoch in jüngster Vergangenheit zeigt, werden in Expertenkreisen Aufstockungen im Bestand sehr kritisch betrachtet und kommen auch selten zur Ausführung. Nach dem Baurecht ist es bei Aufstockungen nämlich erforderlich, die Altsubstanz wie einen Neubau zu bemessen, wodurch es in manchen Fällen wirtschaftlicher ist, einen Abriss und anschließenden Neubau umzusetzen. Die Anforderungen an den Baubestand bei Dachgeschoßprojekten sind in Merkblättern der Behörde konkretisiert und lassen kaum Spielräume in der statischen Dimensionierung zu. Als Konsequenz dieser Vorgaben wird vor allem der Dachausbau in Leichtbauweise errichtet“ (Kummer, 2015, S. 68).

Darüber hinaus liegt die maximale Aufstockung bei Gebäuden der Gründerzeit zumeist bei zwei Geschoßen, wobei die Bestimmungen des Baurechts (beispielsweise Dachneigung 45°, Firstoberkante 4,5 m über Traufe) die Volumina der Dächer begrenzen. Aufgrund dessen sind des Öfteren selbst zweigeschoßige Dachausbauten nicht ausführbar (Kummer, 2015, S. 69). Auch durch die prinzipiell positiv zu bewertenden höheren Räume können weniger Stockwerke errichtet und folglich weniger Nutzfläche geschaffen werden, da durch das Regulativ des Baurechts die Gebäudehöhen beschränkt werden (Schreder, 2016, S. 35). Demnach ist bei Betrachtung des Aspekts der Ressourcenschonung auch zu bedenken, dass aufgrund der Einschränkungen andernorts für die Schaffung von weiterer Wohnfläche Mittel, wie Fläche und Baumaterialien, sowie infrastrukturelle Maßnahmen benötigt werden.

Als problematisch erweist sich, dass allgemein die Bausubstanz der Gebäude der Gründerzeit aufgrund ihres Alters nicht dem Stand der Technik entspricht. Brandschutztechnisch gelten heutzutage andere Anforderungen und auch die thermischen Gegebenheiten sind nicht zeitgemäß. Mit dieser Problematik hat sich das Projekt „Gründerzeit mit Zukunft“, finanziert vom Bundesministerium für Verkehr, Innovation und Technologie (bmvit), auseinandergesetzt. Mit einem durchschnittlichen Heizwärmebedarf in der Größenordnung von 120–160 kWh/m²a liegt der Bedarf um den Faktor 5 bis 10 höher als in Wohngebäuden, die nach heutigem Niedrigenergie- bzw. Passivhausstandard neu errichtet werden (Hüttler/Sammer, 2010, S. 238). Allerdings können durch innovative Sanierungsmaßnahmen „auch im Gründerzeitbestand respektable Ergebnisse hinsichtlich der Energieeinsparung, der Verbesserung des Wohnkomforts und der architektonischen Qualität erzielt werden“ (Sammer, 2011, S. 332). Zu berücksichtigen sind etwaige Einschränkungen aufgrund einer gegliederten Fassade. Erhaltungswürdige Fassaden können nur durch Innendämmung thermisch aufgewertet werden. Sollten Fassaden nicht erhaltungswürdig sein, empfielt sich daher die Abräumung der Fassade zur Durchführung einer konventionellen Außenwanddämmung (Rammerstorfer, 2012, S. 10). In diesen Fällen ist eine Reduktion auf einen Herzwärmebedarf von unter 30 kWh/m²a, und damit auf zeitgemäße energietechnische Standards, durchaus möglich. „Den speziellen Erfordernissen des Gründerzeithauses angepasste thermisch-energetische Modernisierungsmaßnahmen können nicht nur respektable Ergebnisse hinsichtlich der Energieeinsparung erzielen, sondern darüber hinaus einen bedeutenden Beitrag zur Weiterentwicklung des gründerzeitlichen Gebäudebestands unter stadtgestalterischen sowie wohnungs- und immobilienwirtschaftlichen Gesichtspunkten leisten" (Hüttler/Sammer, 2010, S. 243). Doch „die energieeffiziente Sanierung ist heute kein technisches Problem mehr, sondern ein ökonomisches" (Haselsteiner, 2011).

Ökonomische Überlegungen

„Der Grundsatz ‚*Das technisch machbare Sanierungsniveau ist nicht das ökonomisch sinnvolle*' gilt als generelle Aussage [...] und insbesondere im Bereich der Altbausanierung" (Boever, 2013, S. 60). Umfangreiche Sanierungsarbeiten auf einen zeitgemäßen Wohnstandard liegen faktisch in der Höhe der Kosten eines Neubaus (Hüttler et al., 2018, S. 53).

Bereits die Angleichung der Gebäudesicherheit an den Stand der heutigen Technik nimmt in etwa ein Fünftel der jährlichen Mieterträge in Anspruch. Durchschnittlich belaufen sich die Nachrüstungskosten auf etwa 20.000 €, während die jährlichen Mieterträge eines durchschnittlichen Gründerzeithauses bei knapp über 100.000 € liegen (Junker, 2018, S. 54). Allerdings können Angleichungen in unterschiedlichen Maßstäben durchgeführt werden. Untenstehende Grafik zeigt überblicksmäßig jene „Bauteile, bei denen am häufigsten eine Anpassung bzw. Nachrüstung an einen dem Stand der Technik adäquaten Zustand geboten ist“ (Junker, 2018, S. 49).

Abbildung 14: Übersicht der am häufigsten gebotenen Nachrüstungen. Quelle: Eigene Darstellung nach Junker, 2018, S.49.

Die Wirtschaftlichkeit von Sanierungsmaßnahmen stellt aus Sicht eines Investors eine wesentliche Voraussetzung für eine höhere Sanierungsbereitschaft dar, wie durch mehrere Studien hinreichend belegt wurde (Hüttler et al., 2018, S. 55). Investitionen in eine Liegenschaft werden getätigt, um unter Berücksichtigung der Investitionskosten höhere Mietzinse am Markt erzielen zu können. Diese Logik kann jedoch angesichts der gesetzlichen Mietzinsbegrenzungen nicht auf Gebäude der Gründerzeit übertragen werden. „Aufgrund der weitgehend stringenten Mietzinsbegrenzungen im Vollanwendungsbereich des Mietrechtsgesetzes ist dem Vermieter in weiten Teilen des Gründerzeitbestandes eine nach seinem Ermessen marktwirtschaftliche Kalkulation des Mietzinses verwehrt – dies gilt sowohl hinsichtlich der Situation der aufrechten Altmietverträge als auch beim Neuabschluss nach erfolgter Modernisierung“ (Hüttler et al., 2018, S. 55). Besonders prekär ist, dass keine Einigkeit bezüglich der Zulässigkeit einer Erhöhung des Richtwertes nach Sanierung besteht. Im Allgemeinen muss davon ausgegangen werden, dass keine Zuschläge für eine erfolgte Sanierung gestattet sind. Dennoch wurde im OGH 29.03.2011, 5Ob 240/10w (=EWr I/16/588f) abweichend entschieden. Hierin wird festgehalten, dass „ein zuerkannter Zuschlag zum Richtwert für Erstbezug nach Sanierung in

Höhe von 10 % [...] nicht unvertretbar und daher auch nicht korrekturbedürftig durch das Höchstgericht" ist" (Dirnbacher, 2013, S. 314). Als Folge dieser Unsicherheiten fehlen die notwendigen Anreize für EigentümerInnen innovative Sanierungen durchzuführen.

In einem im Zuge des Projekts „Gründerzeit mit Zukunft" berechneten Beispiel eines fiktiven, aber typischen Gebäudes in Wien konnte gezeigt werden, dass „eine umfassende Sanierung im Rahmen der gegenwärtigen Mietzinsbegrenzungsnormen im Vollanwendungsbereich des MRG ohne die Inanspruchnahme hoher Fördermittel wirtschaftlich nicht darstellbar" ist (Hüttler et al., 2018, S. 56).

Aufgrund dessen ist als wesentlicher Sanierungsanreiz die Lockerung der Mietzinsbeschränkungen, insbesondere für umfassend sanierte Gebäude der Gründerzeit, zu betrachten. Eine Bindung an qualitative Voraussetzungen der Sanierung könnte zur Absicherung vereinbart werden, um bautechnische Anforderungen eines Neubaus zu erreichen. Auch könnten Möglichkeiten des Eingriffs in bestehende Mietverträge erwogen werden. Eine vereinfachte Handhabung der nachträglichen Mietzinsanhebung abseits der Möglichkeit eines §-18-Verfahrens könnte zusätzliche Anreize schaffen. Ebenso stellt die Förderungsabwicklung ein aufwendiges Unterfangen dar, weshalb eine Vereinfachung anzustreben wäre (Hüttler et al., 2018, S. 57).

In diesem Zusammenhang sei auch die seit dem Jahr 1996 abgeschaffte Möglichkeit zur Bildung steuerfreier Rücklagen eingebracht. Nach §§ 3 und 4 MRG sind Vermietende im Vollanwendungs-bereich des MRG dazu verpflichtet, nach Maßgabe der rechtlichen, wirtschaftlichen und technischen Gegebenheiten und Möglichkeiten

- das Haus, die Mietgegenstände und die der gemeinsamen Benützung der Bewohner des Hauses dienenden Anlagen im jeweils ortsüblichen Standard zu erhalten und erhebliche Gefahren für die Gesundheit der Bewohner zu beseitigen

- sowie nützliche Verbesserungen des Hauses oder einzelner Mietgegenstände durchzuführen.

Für diese Erhaltungs- und Verbesserungsarbeiten sind von Vermietenden die Hauptmietzinsreserven der letzten zehn Kalenderjahre heranzuziehen. Da die Bildung der Mietzinsreserven für die zukünftig anfallenden Erhaltungs- und Verbesserungsarbeiten zwingend ist und diese zweckgebunden sind, konnte dieser Überschuss vor dem Jahr 1996 steuerfrei gestellt werden. Der Gesetzgeber beabsichtigte dadurch, Vermietende eines mietrechtsgeschützten Gebäudes nicht zu belasten. Denn seit der Abschaffung der Möglichkeit zur Bildung steuerfreier Rücklagen, folglich bei Versteuerung der Hauptmietzinsreserven, müssen Vermietende jenen durch die Einkommenssteuer verminderten Betrag im Fall einer Sanierung selbst tragen.

Allgemein hatten EigentümerInnen aus steuerlicher Sicht in den letzten Jahren Verschärfungen hinzunehmen. So wurde „bei manchen Maßnahmen die Absetzbarkeit von 10 auf 15 Jahre und die Grundkostenanteile von 20 auf 40 Prozent gestreckt" (Otto Immobilien, 2018, S. 19).

Dass Gebäude der Gründerzeit jedoch trotz allem am Wiener Wohnungsmarkt beliebte Objekte sind, zeigt sich im Preisanstieg der letzten Jahre.

Bereits in den Jahren 1995 bis 2004 war ein Anstieg der Preise von 75 % zu verzeichnen, die Entwicklung hat sich seither beschleunigt. War in den Jahren 2008 bis 2014 die Steigerung moderat, stiegen die Preise ab 2015 deutlich an. Während im Jahr 2008 der Durchschnittspreis bei 1.244 € pro m² lag, entwickelte sich dieser bis 2018 auf 2.890 € pro m². Dies entspricht einer durchschnittlichen jährlichen Preissteigerung von 8,8 % (Otto Immobilien, 2018, S. 31).

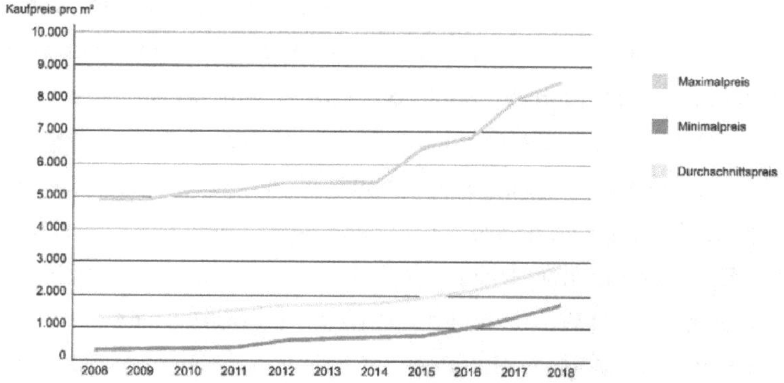

Abbildung 15: Preisentwicklung der Gründerzeithäuser (nach Kriterien von Otto Immobilien) 2008–2018 in €. Quelle: Otto Immobilien, 2018, S. 31.

Zurückzuführen sind diese Preissteigerungen unter anderem auf die Veränderung der EigentümerInnenstruktur, denn der Anteil an professionellen Immobilienunternehmen am Markt ist seit den 1990er-Jahren deutlich gestiegen. Wurden im Jahr 2008 etwa 60 % aller Transaktionen von Unternehmen getätigt, lag der Anteil 2018 bei mehr als 90 % (Otto Immobilien, 2018, S. 30). Der Druck auf die Gebäude der Gründerzeit erhöhte sich dadurch einschneidend.

Charakteristisch für professionelle EigentümerInnen ist in erster Linie eine sehr kurze Behaltdauer der Gebäude. Durchschnittlich werden die Immobilien in weniger als zwei Jahren, zum Teil in manchen Lagen auch innerhalb weniger Monate, wiederverkauft (Verlič, 2014, S. 42). Da der Wiener Wohnungsmarkt von Immobilienunternehmen als rechtssicher und stabil betrachtet wird, werden Investitionen getätigt. Hauptmotiv für den Kauf ist des Weiteren die Intention der Begründung von Wohnungseigentum und des anschließenden Verkaufs der Mietwohnungen (Gruber et al., 2018, S. 70f). Denn diese Vorgehensweise birgt (auch unter dem eigentlich nicht mehr zutreffenden Begriff „Parifizierung“ bekannt) die kurzfristig größte Verwertungsmöglichkeit im gründerzeitlichen Immobilienbestand (Verlič, 2014, S. 42).

Durch die hohen erzielbaren Gewinne steigt nicht nur der Druck auf Altmietende mit Mietverträgen zu besonders günstigen Konditionen. Ebenso nimmt „mit dem Verkauf von Anteilen am Gesamteigentum und der Zunahme von Wohnungseigentümern an einem Objekt gegenüber einer einzelnen Eigentümerschaft [...] die objektbezogene Handlungsfähigkeit stark ab, da für jede Veränderung die Zustimmung aller Eigentümer notwendig ist. Diese Problematik betrifft auch Neubauten, die mit Wohnbauförderung errichtet wurden und deren Mieter die rechtliche Möglichkeit einer Kaufoption auf ihre Wohnungen wahrnehmen“ (Gruber et al., 2018, S. 71).

Neben professionellen EigentümerInnen erhöht auch die Renditeerwartung durch privates Investment den Druck auf den gründerzeitlichen Bestand und übt Einfluss auf die Mietpreissteigerung aus. „Selbst Personen mit vergleichsweise geringem Eigenkapital sind Zielgruppe von Anlagemodellen. Investitionen Privater in Immobilien als Anlageform nehmen aufgrund fehlender Investitionsalternativen zu. An erster Stelle steht die Wertsicherung des Eigenkapitals, das Vermietungsinteresse ist oft sekundär. Gründe liegen vor allem in fehlenden Anreizen zur Vermietung. Davon sind neben Anlagewohnungen im Neubau auch Kleinwohnungen im Altbau betroffen. Die Konsequenz ist oft Leerstand, der den Wohnungsmangel zusätzlich erhöht, speziell durch den Abgang von Angeboten im Segment der Kleinwohnungen“ (Gruber et al., 2018, S. 72).

Im Gegensatz zum Verkauf sind bei der Überlegung bezüglich der Sinnhaftigkeit einer Sanierung mannigfaltige Aspekte zu berücksichtigen. Neben der genauen Definition und der sorgfältigen Formulierung des Sanierungs- und Baubedarfs müssen auch die Gebrauchsdauer sowie der gesamte Lebenszyklus – von der Gewinnung der Rohmaterialien, der Produktion, dem Betrieb bis zur Entsorgung – basierend auf der Ökobilanz betrachtet werden.

Finanzielle Unterstützung gibt es seitens der Stadt durch den Wiener Altstadterhaltungsfonds. Sein primäres Ziel ist, die Restaurierung historisch wertvoller Bausubstanz zu unterstützen. Dementsprechend können unter anderem auch religiöse Bauwerke vom Fonds gefördert werden. Nach Angaben des Kulturressorts wurden mit Hilfe des Fonds in den vergangenen 45 Jahren mehr als 4500 Objekte mit einem Budget von etwa 245 Millionen Euro restauriert. Auch der Wohnfonds Wien bietet über Förderungen von Sockelsanierungen (z. B. Liftzubau) oder Erhaltungsarbeiten (z. B. Fenstertausch) Unterstützung. Sanierungsförderungen stellen derzeit eine zentrale Möglichkeit zur Sicherung und Schaffung leistbaren Wohnraums sowie zur Qualitätssicherung im privaten Immobilienbereich dar, da an sie Spielräume für die Stadt gebunden sind (Gruber et al., 2018, S. 71). Beispielsweise wurden im Zuge einer Sockelsanierung die Häuser von Grund auf umfassend saniert. EigentümerInnen wurden finanziell durch Förderungen unterstützt und genossen steuerliche Vorteile. Im Gegenzug stand der Stadt jede zweite bzw. jede vierte Wohnung hinsichtlich der Vergabe zur Verfügung, wodurch sich für sie Steuerungsmöglichkeiten betreffend die soziale Durchmischung ergaben. Bei der Durchführung sind jedoch vom Förderungsnehmer auch Auflagen, wie etwa eine öffentliche Ausschreibung der Arbeiten, einzuhalten. Zudem beansprucht die Abwicklung zeitliche Ressourcen, wodurch sich ein Projekt ein bis zwei Jahre verzögern kann. Diesbezüglich bestünde Potenzial, die Prozesse zu beschleunigen (Otto Immobilien, 2018, S. 21).

Maßgeblich hängen Sanierungsentscheidungen nichtsdestoweniger von mietrechtlichen Fragen ab, „insbesondere von Fragen der Mietzinsbegrenzungen bis hin zur Frage der Duldung von Modernisierungsmaßnahmen bei aufrechten Mietverhältnissen im Inneren des Mietgegenstandes“ (Hüttler et al., 2018, S. 56). Somit liegt der entscheidende Faktor, neben bau-, wohn- und nachbarschaftsrechtlichen Fragen, auf der wirtschaftlichen Umsetzbarkeit technisch und gestalterisch angemessener Lösungen im gründerzeitlichen Gebäudebestand (Hüttler/Sammer, 2010, S. 243).

4.2 Soziale und kulturelle Aspekte

Steigender Druck auf MieterInnen, der sich durch erhebliche Mietpreissteigerungen und Leistbarkeitsprobleme manifestiert, kann als Begleiterscheinung der Investitions- und Preissteigerungen am privaten Wohnungsmarkt beobachtet werden (Verlič, 2014, S. 42).

Während sich in der Zeitspanne von 2000 bis 2010 der Verbraucherpreisindex (VPI) um 21 % erhöhte, stiegen die Mieten in Wien um 37,4 % und somit deutlich stärker als der VPI. Besonders markant war in diesem Zeitraum die Steigerung des Hauptmietzinses in Wiener Altbauwohnungen mit fast 67 % (Trockner, 2012, S. 10). Grundsätzlich unterliegen diese dem Richtwertmietzins, doch wie mehrere Studien feststellten, ist die Effektivität des Richtwertsystems anzuzweifeln. Unter anderem kamen sie zum Ergebnis, dass sich die Nettomieten des Richtwertmietzinses im Durchschnitt auf beinahe die gleichen Kosten wie die frei vereinbarten Mieten belaufen (WIFO, 2012, S. 81; Trockner, 2015, S. 9). Eine Studie der Arbeiterkammer Wien aus dem Jahr 2015 mit einer Auswertung von 200 Wohnungsinseraten ergab zudem, dass Inserate mit unbefristeten Mietverhältnissen im Durchschnitt um 18 % und befristete gar um 62 % den zulässigen Mietzins übersteigen, da der Befristungsabschlag von 15 % keine Berücksichtigung findet (Trockner, 2015, S. 6f). Zu beachten ist bei Interpretation der Studienergebnisse, dass die jeweiligen Standpunkte der Autoren in diese miteinfließen.

Allerdings sind nicht nur Vermietende in die Pflicht zu nehmen. Auch das Gesetz an sich ist zu reflektieren. Der Zweck der sozialen Integration von einkommensschwachen Haushalten in zentrumsnahen städtischen Lagen im Sinne der Vermeidung einer sozialen Fragmentierung ist positiv hervorzuheben. Jedoch unterliegen Mietverträge, die vor 1994 abgeschlossen wurden, noch heute dem Kategoriemietzinssatz. So waren im Jahr 2012 für die durchschnittliche Nettokaltmiete (ohne Heizung und Steuern) bei Altmietverträgen 3,0 €/m² aufzuwenden. Bei Richtwertmietverträgen (nach 1994 abgeschlossen) lag die Miete hingegen im selben Jahr mit 5,9 €/m² bei fast dem Doppelten (Geymüller/ Christl, 2014, S. 5).

Dass gerade neu in den Mietmarkt eintretende Parteien, wie Familien und junge Erwachsene, nicht von den günstigen Mieten profitieren, wird bei der Debatte um den sozialen Aspekt des Richtwertes oftmals außer Acht gelassen. Erschwerend kommt hinzu, dass große Wohnungen, die gegebenenfalls nicht mehr den Bedürfnissen der Mietenden entsprechen, aufgrund des Altmietvertrags nicht auf den Markt kommen. Denn bei Abschluss eines neuen Mietvertrags würde der neu vereinbarte Mietzins jenen der Altmietverträge deutlich übersteigen und somit zu einer Mehrbelastung bei den Wohnkosten führen.

Geschlussfolgert werden könnte, dass EigentümerInnen eine Kompensation der geringeren Mieteinnahmen aus Altmietverträgen anstreben und dementsprechend bei Abschluss neuer Mietverträge höhere Mieten als gesetzlich erlaubt verrechnen. Demgemäß könnten überhöhte Richtwertmieten unter anderem auch auf die sehr niedrigen Mietkosten bei Altmietverträgen zurückzuführen sein.

Zu bedenken ist allerdings, dass zum Zeitpunkt des Abschlusses der Altmietverträge der Kaufpreis des Gründerzeitgebäudes (wie aus der beschriebenen Preisentwicklung der Gebäude der Gründerzeit zu erkennen ist) im Verhältnis ebenso niedrig war (Rosifka/Pilcher 2019). Die Kosten waren daher den Mieteinnahmen entsprechend. Darüber hinaus ist bei einem Verkauf die Zusammensetzung der Mieteinnahmen bekannt. Entschließen sich KäuferInnen heutzutage zu den aktuellen

Konditionen zu einem Kauf, könnte eine nachträgliche Kritik bezüglich der niedrigen Mieteinnahmen als polemisch angesehen werden.

Zu hinterfragen ist allerdings die zugeschriebene soziale Gerechtigkeit bezüglich der Anwendungen verschiedener Mietzinse in ein und demselben Gebäude (teils für dieselbe Wohnung). „Abhängig vom Zeitpunkt des Mietvertragsabschlusses, der Art der vereinbarten Nutzung und Ausstattung – um nur einige Kriterien zu nennen – können eine Vielzahl an unterschiedlichen Mietzinsbildungssystemen im selben Gebäude zur Anwendung gelangen und daher auch nebeneinander bestehen“ (Havel et al., 2011, S.8). Die soziale Komponente des Richtwertsystems, wie sie oft von der Politik hervorgehoben wird, ist daher äußerst kritisch zu diskutieren.

Die Bewahrung des Stadtbildes ist jedenfalls als bedeutender Gesichtspunkt in Überlegungen bezüglich einer Sanierung miteinzubeziehen. Wien hat einen der größten Altbaubestände in Europa und wird geprägt von seinen jahrhundertealten Gebäuden. Die Nutzung der Gebäude in ihrem ursprünglichen Erscheinungsbild und besonderen Charakter durch nachfolgende Generationen ist im Sinne eines „Generationsvertrages“ auch in Zukunft zu garantieren, denn durch sie entfaltet die Stadt ihre Identität.

5. Die Bauordnungsnovelle 2018

Ende des Jahres 1829 wurde erstmals eine Gesetzessammlung zur Regulierung des privaten Bauwesens erlassen. Darin wurden in 30 Paragrafen sämtliche zerstreuten Bauvorschriften zusammengefasst, die sich aus den ehemaligen Feuerverordnungen heraus entwickelt hatten. Gegliedert war das Dokument in drei Abschnitte: Der erste richtete sich an die Bauherren, im zweiten wurden die Bauführenden angesprochen. Der dritte „regelte die Wiederherstellung und -freigabe des öffentlichen Grundes nach dem Abschluss der Bautätigkeiten, die Genehmigungs- und Bewilligungsverfahren sowie Sanktionen der Kontrollorgane der Ortsobrigkeit bei Nichtbeachtung der Vorschriften" (MA 8, 2019). Im Jahr 1845 wurden schlussendlich mit drei weiteren ergänzenden Bestimmungen und Verfügungen die „Wiener Bau-Vorschriften" herausgegeben. Zu einer Neuformulierung der Bauordnung kam es erst am 25. November 1929 (LGBl Nr 11/1930). Diese bildet mit zahlreichen Novellen die aktuelle Rechtslage.

Die kürzlich erlassene Novelle von Juni 2018 (LGBl Nr 37/2018) bildet die Kernthematik dieser Arbeit. Sie sollte ursprünglich im Zuge einer umfassenden Novellierung im Herbst 2018 (LGBl Nr 69/2018) in Kraft treten.

Ausgangslage

Wie bereits zu Beginn der Arbeit dargelegt wurde, war in den vergangenen Jahren die mediale Präsenz der Thematik der „Abrisswelle" in Wien groß.

Besonders erhitzt hat die Gemüter der Abbruch des Biedermeierhauses, welches bis Juni das Gasthaus Sperl beheimatete. Nachdem das Gasthaus mit 22.06.2018 geschlossen hatte, wurden bereits am darauffolgenden Tag die Abbrucharbeiten begonnen. Das Gebäude wurde zuvor um beinahe sechs Millionen Euro an eine Gesellschaft verkauft, mit der Intention, ein Wohnprojekt zu realisieren (Zoidl, 2019). Kurz danach wurde mit Inkrafttreten der Novelle der Abbruch allerdings gestoppt und in weiterer Folge das Gebäude für erhaltungswürdig eingestuft. Wie unten rechts dargestelltes Bild zeigt, wurde das Gebäude dennoch im Jänner 2019 abgerissen.

Abbildung 13: Gasthaus Sperl im Juli 2018. Quelle: Der Standard.

Abbildung 14: Gasthaus Sperl nach erfolgtem Abbruch im Jänner 2019. Quelle: Kurier.

Ebenso war der Abbruch des Gebäudes in der Hietzinger Hauptstraße im Jahr 2016 ein in den Medien präsentes Thema. Dabei „hat der Eigentümer – vereinfacht gesagt – gegen die Fachmeinung der MA 19 (Architektur und Stadtgestaltung), die die Erhaltungswürdigkeit beurteilt, Einspruch erhoben. Nachdem der Eigentümer den Instanzenzug gegangen war (Bauoberbehörde, Verwaltungsgericht Wien), wurde ihm schlussendlich Recht gegeben“ (Landerer, 2016).

Abbildung 24: Abriss eines Gründerzeithauses in Hietzing. Quelle: wien.orf.at.

Auch in der Radetzkystraße im dritten Bezirk wurde ein Eckhaus mit neogotischer Fassade kurz vor Inkrafttreten in aller Eile abgerissen, denn zum Zeitpunkt des Abbruchs gab es noch aufrechte Mietverträge (Zoidl, 2018b).

Die bisherige Rechtslage sah vor, dass nach § 7 Abs. 1 BO für Wien in den Flächenwidmungs- und Bebauungsplänen „die wegen ihres örtlichen Stadtbildes in ihrem äußeren Erscheinungsbild erhaltungswürdigen Gebiete als in sich geschlossenes Ganzes (Schutzzonen) ausgewiesen werden" können.

Ziel dieser Zonen ist es, „für das Stadtbild charakteristische Gebäudegruppen (Ensembles) vor Abbruch oder Überformung zu schützen. Anders als der Denkmalschutz fällt der Ensembleschutz in den Zuständigkeitsbereich der Stadt Wien gemäß § 7 der Bauordnung vom 01. Jänner 2014 (LGBl Nr 11/1930). Hierbei liegt das Hauptaugenmerk auf der äußerlichen Erscheinung der Objekte" (MA 8, 2017). Die Ausweisung erfolgt im Flächenwidmungs- und Bebauungsplan als in sich geschlossene Gebiete, die einerseits aufgrund ihres örtlichen Stadtbilds in ihrem äußeren Erscheinungsbild erhaltungswürdig sind und andererseits sich eindeutig von den übrigen Gebieten abgrenzen lassen. Neben der gesamten Inneren Stadt befinden sich auch weite Teile der inneren Bezirke in Schutzzonen. Insgesamt bestehen in Wien 135 Schutzzonen, die etwa 15.000 Häuser erfassen (Projektleitung Wien Kulturgut, 2019). Dies entspricht mehr als 9 % der Wiener Bausubstanz (Statistik Austria, 2011).

Nach § 60 Abs. 1 lit. d BO für Wien muss in Schutzzonen vor Beginn eines Abbruchs die Bewilligung der Behörde erwirkt werden. Um diese zu erlangen, musste seitens der MA 19 eine Bestätigung ausgestellt werden, dass an der Erhaltung des Bauwerkes infolge seiner Wirkung auf das örtliche Stadtbild kein öffentliches Interesse besteht. Für Gebäude außerhalb dieser Schutzzonen und Gebieten mit Bausperren war solch eine Bestätigung nicht notwendig. Der intendierte Abbruch musste drei Tage vor Beginn der Arbeiten bei der zuständigen Gebietsgruppe der MA 37 angezeigt werden. Folglich konnte nicht genau eruiert werden, wie viele Bauwerke tatsächlich abgerissen wurden.

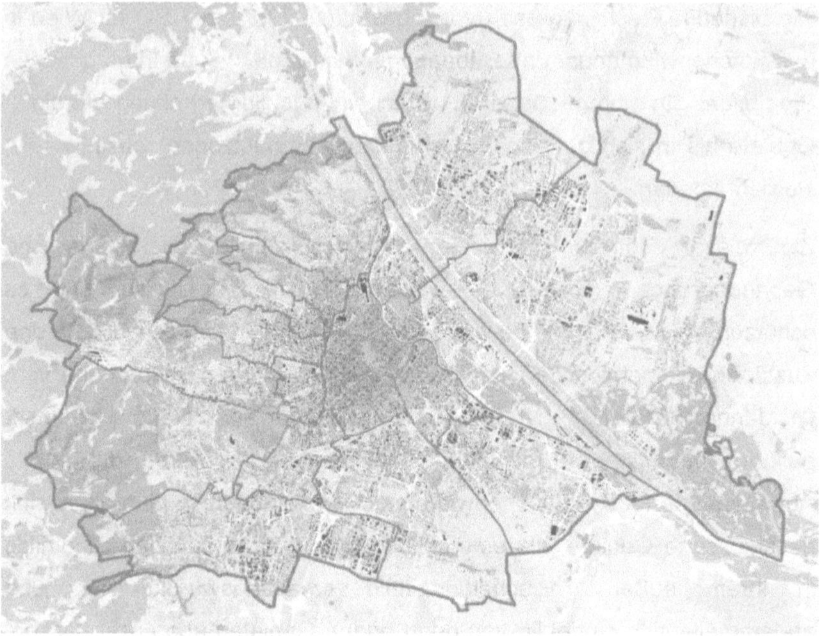

Abbildung 27: Schutzzonen (rot markiert) in Wien. Quelle: Stadtentwicklung Wien, 2019.

Wie aus Tabelle 2 „Anzahl der Gründerzeit-Zinshäuser in den Bezirken“ (Seite 8) geschlussfolgert werden kann, ist über alle Bezirke hinweg ein Rückgang der Zahl der Gebäude der Gründerzeit von etwa 10 % zu verzeichnen. Dementsprechend ist bei Ausweisung von Schutzzonen keine relative Differenz bezüglich der beabsichtigten Schutzfunktion dieser Gebäude abzuleiten, da sich die Zahl der Abbrüche über alle Bezirke hinweg in derselben Größenordnung befindet.

Zurückgeführt werden kann dies auf die fehlenden Möglichkeiten der Stadt. Zwar besteht in Schutzzonen grundsätzlich eine Erhaltungspflicht der HauseigentümerInnen, jedoch können sie nicht zur Sanierung gezwungen werden. Die Erhaltungspflicht betrifft ausschließlich den Erhalt des Zustands und die Sicherheit der Mietenden und Verkehrsteilnehmenden. Die Stadt kann lediglich eingreifen, wenn Gefahr in Verzug ist. Somit bestand vor der Novelle die Option, das Bauwerk verfallen zu lassen, bis eine wirtschaftliche oder technische Abbruchreife gegeben war (Rieger, 2016).

Durch die verstärkt kundgemachte Kritik an der Stadt sah sich diese genötigt, die Problematik zu behandeln. Im Zuge einer Novelle in größerem Umfang sollte ursprünglich diese Thematik erarbeitet werden.

5.1 Neuerungen der (großen) Novelle LGBl Nr 69/2018 im November 2018

Die große Bauordnungsnovelle, die im November 2018 – fünf Monate nach der Teil-Novelle LGBl Nr. 37/2018 im Juni – erlassen wurde, enthält sieben Artikel mit insgesamt 179 Änderungen und umfasst neben der Bauordnung für Wien auch das Wiener Kleingarten-, Wiener Garagen-, Wiener Wohnbauförderungs- und Wohnhaussanierungs- sowie das Wiener Wasserversorgungsgesetz. Die Beschlussfassung fand am 22. November 2018 statt, kundgemacht wurde die Novelle mit 21.12.2018.

Als besonders relevant für die ausgearbeitete Thematik erweist sich die 86. Änderung, durch welche in § 72 (Regelungen zum Baubeginn) folgender Abs. 2 angefügt wird: „Mit dem Abbruch eines Gebäudes darf erst begonnen werden, wenn dieses nicht mehr benützt wird; widrigenfalls kann die Behörde diese Bau- und Abbruchsarbeiten in sinngemäßer Anwendung des § 127 Abs. 8, 8a und 9 einstellen." In der Vergangenheit kam es – wie dargelegt wurde, insbesondere nach Ankündigung der Bauordnungsnovelle im April 2018 – zu (Teil-) Abbrüchen von bewohnten Gebäuden. Durch das Anfügen des Absatzes wurde solch ein Vorgehen unterbunden.

Des Weiteren waren Ziele und Inhalte der Novelle neben einer Verfahrensvereinfachung und -beschleunigung (unter anderem durch vereinfachte Bauverfahren bei kleinen Bauführungen und vereinfachte Widmungsverfahren, Änderungen betreffend den Dachgeschoßausbau) beispielsweise ebenso leistbares Wohnen und Klimaschutz. Die für die Raumplanung im Speziellen bedeutenden Themenstellungen sollen in Kürze dargelegt werden:

Leistbares Wohnen

Bei Festsetzung und Abänderung der Flächenwidmungspläne und der Bebauungspläne wurde leistbares Wohnen als Planungsziel ergänzt. Demgemäß ist nach § 1 Abs. 2 Z 1 BO für Wien nunmehr „Vorsorge für Flächen für den erforderlichen Wohnraum unter Beachtung der Bevölkerungs-entwicklung und der Ansprüche der Bevölkerung an ein zeitgemäßes und leistbares Wohnen“ zu treffen.

Besonders konträr wurde die Einführung der Widmungskategorie „geförderter Wohnbau“ diskutiert. § 6 Abs. 6a lautet, dass Wohnungen dieser Widmungskategorie nur geschaffen werden dürfen, wenn dem *„Ansuchen um Baubewilligung ein Nachweis angeschlossen ist, dass die auf dem Bauplatz vorgesehenen Wohnungen […] hinsichtlich der Grundkostenangemessenheit nach der Wohnnutz-fläche, sofern der Bebauungsplan nicht anderes bestimmt, überwiegend dem § 5 Z 1 des Wiener Wohnbauförderungs- und Wohnhaussanierungsgesetzes – WWFSG 1989 entsprechen.“* Die Widmungskategorie „geförderter Wohnbau“ ersetzt die bisherige Widmungskategorie „förderbarer Wohnbau“, die mit Inkrafttreten der Novelle erlischt.
Überdies wurden wesentliche Bestimmungen der Widmungskategorie nicht im Gesetz abgefasst, sondern in den Planungsgrundlagen zur

Widmung »Gebiete für geförderten Wohnbau«[2] formuliert, die rechtlich nicht bindend sind. Demnach wird in bestehende Widmungen nicht eingriffen, um unangemessene Eigentumseingriffe zu vermeiden. „Insbesondere sollen derzeit festgesetzte Wohngebiete und Gemischte Baugebiete nicht um den Zusatz »Gebiete für geförderten Wohnbau« ergänzt werden, sofern nicht gleichzeitig die für Wohnungen nutzbare zulässige bauliche Dichte in erheblichem Ausmaß erhöht wird oder im Gemischten Baugebiet die Widmungen GBBG/GBF entfallen" (Stadt Wien, 2019, S. 4).

Da folglich die neue Widmung nicht in allen Sachlagen zur Anwendung kommt, soll, um dennoch ein signifikantes Volumen an neuen leistbaren Wohnungen zu ermöglichen, „innerhalb der neuen Widmung im Regelfall im Bebauungsplan ein Mindestanteil an geförderter Wohnnutzfläche (an der gesamten Wohnnutzfläche) von zwei Drittel festgesetzt werden. Gegen einen höheren Wert spricht das Ziel einer ausgewogenen sozialen Durchmischung" (Stadt Wien, 2019, S. 3). Diese Festlegung kommt jedoch nicht zur Anwendung (Stadt Wien, 2019, S. 5):

- bei Neuausweisungen/Widmungsänderungen, wo die Bauklasse I ausgewiesen wird sowie – ausdrücklich, aufgrund der Bauweise oder mittels Fluchtlinien – ein Bebauungsgrad von höchstens einem Drittel festgesetzt wird
- bei Erhöhung der für Wohnungen nutzbaren zulässigen baulichen Dichte in Wohngebieten und Gemischten Baugebieten, wo davon auszugehen ist, dass die zusätzlich zulässige Brutto-Grundfläche potenzieller Bauvorhaben jeweils weniger als 5.000 m² beträgt.

Problematisch ist, dass der Nachweis, dass die auf dem Bauplatz vorgesehenen Wohnungen in Hinblick auf die Grundkostenangemessenheit nach der Wohnnutzfläche überwiegend dem § 5 Z 1 WWFSG 1989 entsprechen, vor deren Errichtung erbracht

[2] https://www.wien.gv.at/stadtentwicklung/flaechenwidmung/pdf/widmung-grundlagen.pdf

werden muss. Sollten schlussendlich die errichteten Wohnungen nicht den Förderungsrichtlinien entsprechen, sind die weiteren Konsequenzen nicht geklärt.

Auch geändert wurden die Änderungen bezüglich der Anforderungen von Fahrradabstellplätzen und Einlagerungsräumen sowie Erleichterungen bei der Stellplatzverpflichtung. Durch diese erhofft man sich, die Kosten der Errichtung – und folglich aufgrund dessen die Mieten – zu senken. Die Pflichtstellplätze gemäß § 48 Abs. 4a Wiener Garagengesetz 2008 können demnach entfallen, wenn innerhalb von 10 Jahren vor der Antragstellung über 5 Jahre tatsächlich kein Gebrauch gemacht wurde. Im Detail wird diesbezüglich ausgeführt: „*Die Behörde hat über Antrag das vorzeitige Erlöschen der Verpflichtung gemäß Abs. 4 auszusprechen, wenn Pflichtstellplätze innerhalb eines Zeitraumes von zehn Jahren vor der Stellung des Antrags mehr als fünf Jahre tatsächlich nicht für das Einstellen von Kraftfahrzeugen verwendet wurden, in dem betreffenden Gebiet unter Berücksichtigung der in Abs. 3 Z 1 bis 3 genannten Gegebenheiten ein Bedarf an Stellplätzen nicht gegeben ist und der gemäß §§ 48 und 50 in der nach Inkrafttreten des Gesetzes LGBl. für Wien Nr. 26/2014 geltenden Fassung erforderliche Umfang der Stellplatzverpflichtung nicht unterschritten wird. Dem Antrag sind ein Nachweis über den Leerstand im genannten Zeitraum, ein Verkehrsgutachten hinsichtlich des fehlenden Stellplatzbedarfs, eine nachvollziehbare Berechnung des Umfanges der Stellplatzverpflichtung sowie der Nachweis der Zustimmung der Eigentümers (aller Miteigentümer) des von den die Stellplatzverpflichtung auslösenden Baumaßnahmen betroffenen Bauwerks anzuschließen.*“ Die Ausführung beinhaltet jedoch die Hürde, dass sich die Frage nach der Beweisführung über den vergangenen Leerstand von zehn Jahren stellt (Fuchs 2019).

Klimaschutz

Die Schlagwörter Energieressourcen, Mikroklima, E-Mobilität und energieeffiziente Versorgungs- und Entsorgungsformen wurden als Ziele bei der Festsetzung und Abänderung der Flächenwidmungspläne und der Bebauungspläne neu formuliert. Nach § 1 Abs. 2 Z 4 sei auf „*Erhaltung beziehungsweise Herbeiführung von Umweltbedingungen, die gesunde Lebensgrundlagen, insbesondere für Wohnen, Arbeit und Freizeit, sichern, und Schaffung von Voraussetzungen für einen möglichst sparsamen und ökologisch sowie mit dem Klima verträglichen Umgang mit Energieressourcen und anderen natürlichen Lebensgrundlagen sowie dem Grund und Boden*" Bedacht zu nehmen. Auch eingefügt wurde einerseits unter § 1 Abs. 2 Z 8 das Ziel der „*Vorsorge für zeitgemäße Verkehrsflächen zur Befriedigung der Mobilitätsbedürfnisse der Bevölkerung und der Wirtschaft unter besonderer Berücksichtigung umweltverträglicher und ressourcenschonender Mobilitätsformen sowie der Senkung des Energieverbrauchs*". Andererseits besagt § 1 Abs. 2 Z 9, es sei „*Vorsorge für klimaschonende und zeitgemäße Einrichtungen zur Ver- und Entsorgung, insbesondere in Bezug auf Wasser, Energie und Abfall unter besonderer Berücksichtigung der effizienten Nutzung der Potentiale von Abwärme und erneuerbaren Energien und unter Vermeidung einer unzumutbaren Belastung durch Doppelgleisigkeiten der Infrastruktur*" zu gewähren.

Auch durch die Verpflichtung zur Dämmung der obersten Geschoßdecke möchte man Maßnahmen für den Klimaschutz setzen. Diesbezüglich wurde unter § 118 Abs. 7 eingefügt: „*Bei Zu- und Umbauten sowie bei Änderungen und Instandsetzungen von mindestens 25 vH der Oberfläche der Gebäudehülle von Gebäuden in der Bauklasse I, die nicht mehr als zwei Wohnungen enthalten, mit Ausnahme der Gebäude gemäß § 118 Abs. 4, müssen die obersten zugänglichen Decken von beheizten Räumen des gesamten Gebäudes oder die unmittelbar darüber liegenden*

Dächer so gedämmt werden, dass den Anforderungen für Neubauten an wärmeübertragende Bauteile entsprochen wird."

Des Weiteren wird verstärkt E-Mobilität gefördert sowie das Ziel einer steigenden Fläche an begrünten Gebäudefronten durch rechtliche Erleichterungen bei der Umsetzung verfolgt. Neu eingeführt wurden darüber hinaus unter § 2b BO für Wien sogenannte Energieraumpläne. Energieraumpläne dienen zum geordneten, vorausschauenden und nachhaltigen Gestalten und Entwickeln der Energiebereitstellung.

5.2 Änderungen der Novelle LGBl Nr 37/2018 im Juni 2018

Aufgrund der in der Einleitung der Arbeit erläuterten Notwendigkeit wurde im Juni 2018 ein Teil der Novelle früher beschlossen. Insgesamt wurden drei Paragrafen durch diese Novelle geändert:

1. § 7 Abs. 1
2. Abs. 5a eingefügt nach § 62a Abs. 5
3. § 60 Abs. 1 lit. d

Zu 1.: In § 7 Abs. 1 entfällt nun die Wortfolge „als in sich geschlossenes Ganzes". Somit lautet demgemäß § 7 Abs. 1: „In den Flächenwidmungs- und Bebauungsplänen können die wegen ihres örtlichen Stadtbildes in ihrem äußeren Erscheinungsbild erhaltungswürdigen Gebiete (Schutzzonen) ausgewiesen werden."

Zu 2.: Nach § 62a Abs. 5 wurde folgender Abs. 5a (auf welchen § 60 Abs. 1 lit. d Bezug nimmt) eingefügt:

„(5a) Der Abbruch von Bauwerken in Schutzzonen und Gebieten mit Bausperre sowie der Abbruch von Gebäuden, die vor dem 1.1.1945 errichtet wurden, ist spätestens vier Wochen vor dem geplanten Beginn der Arbeiten der Behörde vom Bauherrn schriftlich anzuzeigen. Der Anzeige ist eine Bestätigung des Magistrats anzuschließen, dass an der Erhaltung des Bauwerkes infolge seiner Wirkung auf das örtliche Stadtbild kein öffentliches Interesse besteht. Nach Vorlage einer solchen Bestätigung darf mit dem Abbruch begonnen werden."

Näher wird auf diesen Paragraphen bezüglich seiner Bedeutung und der Auswirkungen unter dem Kapitel „Bestätigung des Bauwerkes bezüglich seiner Wirkung auf das örtliche Stadtbild" eingegangen.

Zu 3.: Bereits bei der 2. Mietengesetznovelle (BGBl Nr 1929/210) im Jahr 1929 wurde die Möglichkeit geschaffen, die Mietenden bei Abbruchreife in wirtschaftlicher Hinsicht zu kündigen, um in weiterer Folge das Bauwerk abzureißen. Knapp 90 Jahre später änderte sich in der Bauordnung für Wien durch Inkrafttreten von LGBl Nr 37/2018 die Abbruchreife (§ 60 Abs.1 Z d BO Wien) folgendermaßen:

§ 60 Abs.1 lit. d idF vor 30.06.2018	§ 60 Abs.1 lit. d idF seit 30.06.2018
Der Abbruch von Bauwerken in Schutzzonen und Gebieten mit Bausperre. In Schutzzonen darf die Abbruchbewilligung nur erteilt werden, wenn an der Erhaltung des Bauwerkes infolge seiner Wirkung auf das örtliche Stadtbild kein öffentliches Interesse besteht und es seiner Ausführung, seinem Charakter oder seinem Stil nach den benachbarten Bauwerken in derselben oder gegenüberliegenden Häuserzeile nicht angeglichen ist oder sein Bauzustand derart schlecht ist, dass die Instandsetzung seiner Wirkung auf das örtliche Stadtbild nach nicht gerechtfertigt erscheint oder das Bauwerk nach der Instandsetzung technisch als ein anderes angesehen werden muss.	Der Abbruch von Bauwerken in Schutzzonen und Gebieten mit Bausperre sowie der Abbruch von Gebäuden, die vor dem 1.1.1945 errichtet wurden, wenn der Anzeige des Abbruchs gemäß § 62a Abs. 5a keine Bestätigung des Magistrats angeschlossen ist, dass an der Erhaltung des Bauwerkes infolge seiner Wirkung auf das örtliche Stadtbild kein öffentliches Interesse besteht. Für Bauwerke in Schutzzonen und Gebäude, die vor dem 1.1.1945 errichtet wurden, darf die Abbruchbewilligung nur erteilt werden, wenn an der Erhaltung des Bauwerkes infolge seiner Wirkung auf das örtliche Stadtbild kein öffentliches Interesse besteht oder sein Bauzustand derart schlecht ist, dass die Instandsetzung technisch unmöglich ist oder nur durch wirtschaftlich unzumutbare Aufwendungen bewirkt werden kann.

Tabelle 6: Vergleich der Fassungen des § 60 Abs. 1 lit. d

Allgemein ist festzuhalten, dass die Begriffe der „technischen Abbruchreife“ und der „wirtschaftlichen Abbruchreife“ weder im aktuell geltenden Recht unter § 60 Abs.1 lit. d der BO für Wien (LGBl Nr 37/2018) noch im bis zum 29.06.2018 geltenden Recht (LGBl Nr 27/2016) wörtlich erwähnt werden, wie oben stehende Tabelle 6 aufzeigt. Nähere Informationen zur Abbruchreife konnten bisher dem Merkblatt der Stadt Wien (MA 37) „Abbruchansuchen in Schutzzonen oder Bausperrgebieten" und „Beurteilung der technischen Abbruchreife" entnommen werden, welche beide aus dem Jahr 2015 stammen. Im August und September 2018 wurden diese Merkblätter durch die Merkblätter „Gesamtabbruch von Bauwerken" (MA 37), „Beurteilung der technischen Unmöglichkeit von Instandsetzungen" (MA 37) und „Beurteilung der wirtschaftlichen Abbruchreife von Gebäuden in der Schutzzone; Gebäuden in Gebieten mit Bausperren; Gebäuden, die vor 1945 errichtet wurden" (MA 25) ersetzt.

Folgende Tabelle gibt die Änderungen (farbig markiert) wider:

Abbruchansuchen in Schutzzonen oder Bausperrgebieten Dezember 2015 (MA 37, 2015a)	**Gesamtabbruch von Bauwerken** September 2018 (MA 37, 2018a)
Bewilligungsfreie Abbrüche	
Gesamtabbruch von Bauwerken außerhalb der Schutzzonen und Gebieten mit Bausperre Abbruchbeginnsanzeige: Abbruch ist vom/von der Bauführer/in 3 Tage vor Beginn der Arbeiten bei der zuständigen Gebietsgruppe der MA 37 anzuzeigen	Gesamtabbruch von Bauwerken außerhalb von Schutzzonen oder Gebieten mit Bausperre, deren Errichtungszeitpunkt nach dem 01.01.1945 liegt. Abbruchbeginnsanzeige: 3 Tage vor Beginn der Arbeiten anzuzeigen bei der zuständigen Gebietsgruppe der MA 37
Bauwerke mit Bestätigung der MA 19, dass an der Erhaltung des	Bauwerke mit Bestätigung der MA 19, dass an der Erhaltung des

Bauwerkes infolge seiner Wirkung auf das örtliche Stadtbild kein öffentliches Interesse besteht Abbruchbeginnsanzeige: beabsichtigter Abbruch ist vom/von der Abbruchwerber/in 4 Wochen vor Beginn der Arbeiten bei der zuständigen Gebietsgruppe der MA 37 unter Anschluss der Bestätigung des Magistrats anzuzeigen	Bauwerkes infolge seiner Wirkung auf das örtliche Stadtbild kein öffentliches Interesse besteht Abbruchbeginnsanzeige: beabsichtigter Abbruch ist vom/von der Abbruchwerber/in 4 Wochen vor Beginn der Arbeiten bei der zuständigen Gebietsgruppe der MA 37 unter Anschluss der Bestätigung des Magistrats anzuzeigen
Abbruchbewilligung darf erteilt werden, wenn:	
• an der Erhaltung des Bauwerkes infolge seiner Wirkung auf das örtliche Stadtbild kein öffentliches Interesse besteht und es seiner Ausführung, seinem Charakter oder seinem Stil nach den benachbarten Bauwerken in derselben oder gegenüberliegenden Häuserzeile nicht angeglichen ist • der Bauzustand derart schlecht ist, dass die Instandsetzung seiner Wirkung auf das örtliche Stadtbild nach nicht gerechtfertigt erscheint • das Bauwerk nach der Instandsetzung technisch als ein anderes angesehen werden muss sein	• an der Erhaltung des Bauwerkes infolge seiner Wirkung auf das örtliche Stadtbild kein öffentliches Interesse besteht • sein Bauzustand derart schlecht ist, dass die Instandsetzung technisch unmöglich ist • sein Bauzustand derart schlecht ist, dass die Instandsetzung nur durch wirtschaftlich unzumutbare Aufwendungen bewirkt werden kann

Erforderliche Unterlagen	
Einreichunterlagen	
• Ansuchen Die dafür vorgesehenen Formulare sind in der MA 37 erhältlich, das Ansuchen kann aber auch in freier Form verfasst werden. • Baupläne Einreichpläne im Maßstab 1:100, mit Lageplan im Maßstab 1:200 oder 1:500 in dreifacher Ausfertigung: diese sind nach den Vorschriften der Bauordnung für Wien anzufertigen und müssen in allen Fällen vom/von der Abbruchwerber/in und von einem/einer befugten Planverfasser/in sowie von den Grundeigentümer/innen unterfertigt werden. Der/Die Bauführer/in hat spätestens vor Beginn der Abbrucharbeiten die Unterlagen zu unterfertigen. • Zustimmung der GrundeigentümerInnen Die Zustimmung aller im Grundbuch eingetragenen GrundeigentümerInnen (auch	• Ansuchen Die dafür vorgesehenen Formulare sind in der MA 37 erhältlich, das Ansuchen kann aber auch in freier Form verfasst werden. • Baupläne Einreichpläne (Darstellung des Konsenses) sind nach den Vorschriften der Bauordnung für Wien anzufertigen (Geschoßpläne im Maßstab 1:100, Lageplan im Maßstab 1:200 oder 1:500, Pläne in dreifacher Ausfertigung) und müssen in allen Fällen vom/von der Abbruchwerber/in und von einem/einer befugten Planverfasser/in unterfertigt werden. Der/Die Bauführer/in hat spätestens vor Beginn der Abbrucharbeiten die Unterlagen zu unterfertigen. • Zustimmung der GrundeigentümerInnen Die Zustimmung aller im Grundbuch eingetragenen GrundeigentümerInnen (auch

BaurechtseigentümerInnen) ist bei Beantragung einer Abbruchbewilligung durch deren Unterschriften nachzuweisen.	BaurechtseigentümerInnen) ist bei Beantragung einer Abbruchbewilligung durch deren Unterschriften nachzuweisen.
Unterlagen zur Beurteilung der Wirkung der Baulichkeit auf das örtliche Stadtbild	
Dem Ansuchen sind ergänzende Unterlagen zur Beurteilung der Wirkung auf das örtliche Stadtbild in Form von Fotos etc. beizulegen.	Gegebenenfalls sind ergänzende Unterlagen, aus denen das Fehlen des öffentlichen Interesses an der Erhaltung der Bauwerke hervorgeht, beizulegen. Diese sind von einer für die architektonische Beurteilung befugten Person (z.B. ArchitektIn) zu erstellen.
Unterlagen zur Beurteilung des technischen Zustandes des Gebäudes	Unterlagen zur Beurteilung der technischen Unmöglichkeit der Instandsetzung
• Bestandserhebung bzw. Ingenieurbefund der Stufe 3 lt. „Leitfaden zur OIB-Richtlinie 1“ • Gutachten (bestehend aus Befund und gutachtlicher Schlussfolgerung) zur Beurteilung des technischen Bauzustandes des Gebäudes, verfasst von einem/r Ziviltechniker/in oder einem/r gerichtlich beeideten Sachverständigen.	• Bestandserhebung der Stufe 3 lt. „Leitfaden zur OIB-Richtlinie 1“ • Gutachten (bestehend aus Befund und gutachtlicher Schlussfolgerung) zur Beurteilung des technischen Bauzustandes des Gebäudes sowie einer fundierten schlüssigen und nachvollziehbaren Beschreibung der technischen Unmöglichkeit der Instandsetzung

Unterlagen zur Beurteilung der wirtschaftlichen Situation des Gebäudes	Unterlagen zur Beurteilung der wirtschaftlichen Unzumutbarkeit der Aufwendungen zur Instandsetzung

• Bestandserhebung bzw. Ingenieurbefund der Stufe 3 lt. „Leitfaden zur OIB-Richtlinie 1“
• Planunterlagen in Einreichplanqualität über die Sanierungsarbeiten, welche die Basis für das Gutachten bilden
• Gutachten eine/r Ziviltechniker/in, einer/eines zertifizierten Sachverständigen des einschlägigen Fachgebietes über die wirtschaftliche Abbruchreife (Gegenüberstellung der ermittelten Kosten für die Sanierung des Gebäudes mit dem Ertragswert der Liegenschaft nach Sanierung zuzüglich Rücklagen, allfälliger Förderungsmittel, Zinsen etc.):
  • Angabe des Bruttorauminhalts, der Bruttogrundfläche und der Nettogrundfläche vor und nach Sanierung
  • gewerksweise eindeutig objektsbezogen zuordenbare Leistungsverzeichnisse,
	• Bestandserhebung der Stufe 3 lt. „Leitfaden zur OIB-Richtlinie 1“
	• Planunterlagen in Einreichplanqualität über die Sanierungsarbeiten, welche die Basis für das Gutachten bilden
	• Gutachten eine/r Ziviltechniker/in, einer/eines zertifizierten Sachverständigen des einschlägigen Fachgebietes über die wirtschaftliche Abbruchreife (Gegenüberstellung der ermittelten Kosten für die Sanierung des Gebäudes mit dem Ertragswert der Liegenschaft nach Sanierung zuzüglich Rücklagen, allfälliger Förderungsmittel, Zinsen etc.):
	  • Angabe des Bruttorauminhalts, der Bruttogrundfläche und der Nettogrundfläche vor und nach Sanierung
	  • gewerksweise eindeutig objektsbezogen zuordenbare Leistungsverzeichnisse, jeweils aufgegliedert in

jeweils aufgegliedert in Ausmaß und Einheitspreis für alle am Objekt erforderlichen Erhaltungsarbeiten • Mieterliste bzw. tabellarische Aufstellung der einzelnen Mietgegenstände mit Angaben über die Nutzflächen und Ausstattungskategorien vor und nach Sanierung.	Ausmaß und Einheitspreis für alle am Objekt erforderlichen Erhaltungsarbeiten • Mieterliste bzw. tabellarische Aufstellung der einzelnen Mietgegenstände mit Angaben über die Nutzflächen und Ausstattungskategorien vor und nach Sanierung.

Tabelle 7: Änderungen der Merkblätter bezüglich der Vorgangsweise bei Abbruchansuchen

Zuständigkeiten bei Abbruchansuchen

In den Prozess der Erstellung einer Abbruchbewilligung können je nach Art des Ansuchens unterschiedliche Magistratsabteilungen sowie das Bundesdenkmalamt eingebunden sein (MA 37, 2018a, S.1):

- Baupolizei (MA 37)

Die allgemeine Bearbeitung der Ansuchen und Anzeigen fällt in die Zuständigkeit der jeweiligen Gebietsgruppe der MA 37.

- Architektur und Stadtgestaltung (MA 19)

Allenfalls ist eine Bestätigung der MA 19 einzuholen, dass an der Erhaltung des Bauwerks kein öffentliches Interesse besteht. Es besteht die Verpflichtung, diese Bestätigung direkt bei der MA 19 zu beantragen.

- Stadterneuerung und Prüfstelle für Wohnhäuser (MA 25)

Stützt sich das Ansuchen auf eine wirtschaftliche Unzumutbarkeit, so wird im Zuge eines Ansuchens um Abbruchbewilligung die MA 25 zur Beurteilung der Schlüssigkeit und Nachvollziehbarkeit von Gutachten über eine zugeschriebene wirtschaftliche Unzumutbarkeit von Instandsetzungsmaßnahmen zugezogen.

- Kultur (MA 7)

Die MA 7 stellt durch den Wiener Altstadterhaltungsfond öffentliche Mittel für die Konservierung und Restaurierung der historischen Bausubstanz Wiens zur Verfügung.

Besteht ein sehr hohes öffentliches Interesse an der Erhaltung des Gebäudes, kann durch eine Förderung des Wiener Altstadterhaltungsfonds der Deckungsfehlbetrag getilgt werden.

- Bundesdenkmalamt

Im Allgemeinen ist zu berücksichtigen, dass Abbrüche und Teilabbrüche von unter Denkmalschutz stehenden Gebäuden darüber hinaus nur mit einer (ggf. zusätzlichen) Genehmigung des Bundesdenkmalamtes zulässig sind.

5.2.1 Das Abbruchansuchen in der Praxis

Zur leichteren Verständlichkeit wird nun anhand eines anonymisierten realen Beispiels die Vorgehensweise bei einem angestrebten Abbruch veranschaulicht. Zur visuellen Erkennung werden die Ausführungen des Beispiels eingerückt dargestellt.

> Es sei davon auszugehen, dass sich das gegenständliche Bauwerk im Besitz eines einzelnen Eigentümers befindet. Des Weiteren wurde das Gebäude im Jahr 1905 im 19. Wiener Bezirk errichtet und umfasst vier Wohneinheiten.

Im Allgemeinen sind zwei Schritte durchzuführen, um einen Abbruch zu erwirken:

1. Einholen der Bestätigung der MA 19 bezüglich der Wirkung auf das örtliche Stadtbild
2. Einbringen einer schriftlichen Anzeige bei der MA 37

Die dabei zu berücksichtigende Reihenfolge ist unzureichend geklärt. Denn es ist vorgesehen, dass eine Anzeige eingebracht werden kann, auch wenn noch keine Bestätigung seitens der MA 19 ausgestellt wurde. Dies dient als Voraussetzung, um im Folgenden um eine Baubewilligung für ein neues Projekt ansuchen zu können (Ulm, 2018).

Von dieser Problematik wird im Beispiel allerdings abgesehen und angenommen, dass das Ansuchen gemäß der obigen Reihenfolge ausgeführt wird.

Bestätigung des Bauwerkes bezüglich seiner Wirkung auf das örtliche Stadtbild

Die Ausstellung dieser Bestätigung kann bei der Abteilung für Architektur und Stadtgestaltung (MA 19) beantragt werden. Die MA 19 überprüft, ob an der Erhaltung des Bauwerkes infolge seiner Wirkung auf das örtliche Stadtbild kein öffentliches Interesse besteht. Ebenso werden alle Änderungen des äußeren Erscheinungsbildes darauf geprüft, ob sie sich gestalterisch in das örtliche Stadtbild einfügen. Zu den erforderlichen Unterlagen bei Einreichung zählen (MA 19, 2019):

- „Grundbuchsauszug
- Vollmacht (wenn nicht BauwerberIn beziehungsweise GrundeigentümerIn)
- Bestandspläne/Baupläne des abzubrechenden Gebäudes
- Objektbeschreibung
- Historische Fotos

- Historische Dokumentation (Veränderungen seit der Errichtung des Gebäudes)
- Fotodokumentation:
  - Aktuelle Fotos des gesamten Gebäudes (Fassaden, Fenster, Gesimse usw.)
  - Fotos der unmittelbaren Umgebungsgebäude, auch gegenüberliegende Liegenschaften gemäß § 60 Abs. 1 lit. d der Bauordnung für Wien (BO)"

Für die EigentümerIn besteht die Möglichkeit, ergänzende Unterlagen zum fehlenden öffentlichen Interesse an der Erhaltung des Bauwerks beizulegen. Diese sind von einer zur architektonischen Beurteilung befugten Person (beispielsweise ArchitektIn) auszustellen (Fuchs, 2019).

Die Beurteilung von Abbruchkriterien wird seitens der MA 19 gemäß folgenden Kriterien vorgenommen (Antwort zu PGL-829222-2018-KVP/GF):

- Bestätigung, um Abbruch durchführen zu dürfen, wird bei folgenden Merkmalen ausgestellt:
  - Das Bauwerk an sich: Gestalt als Gesamtes, Aufbau, raumbildende und baukünstlerische Qualitäten, Verlust der Authentizität, Entfernung vom Originalzustand, Fassade stark verändert/überformt/vereinfacht, Überformung (durch Veränderungen an Baukörper, Fassade, Gliederung, Dach, Fenster, Tor, Erdgeschoßnutzung, ...)
  - Das Bauwerk in Bezug auf die Umgebung: Bezugslosigkeit zum baulichen Umfeld, Dispersität zum örtlichen Stadtbild bzw. zum beabsichtigten örtlichen Stadtbild, extreme Differenzen zu örtlichen Bebauungsbestimmungen, Verlust ehemaliger städtebaulicher Funktion, ...

- Keine Bestätigung wird bei folgenden Merkmale ausgestellt:
  - Das Bauwerk an sich: Authentizität, originaler Bauzustand unbeschadet erhalten, baukünstlerische Aspekte im Hinblick auf die historisch ausgeführten Fassaden, bauhistorische Bedeutung im Hinblick auf die (noch) vorhandenen historischen Strukturen
  - Das Bauwerk in Bezug auf die Umgebung: baukünstlerische Aspekte im Hinblick auf die Ensemblewirkung, bauhistorische Bedeutung im Hinblick auf die (noch) vorhandenen (historischen) städtebaulichen Strukturen, bauhistorische Bedeutung der räumlichen und architektonischen Ausformung vergleichbarer Bauten betreffend das Stadt- und Straßenbild, emotionelle Bedeutung im Bezug auf die vedutenhafte Wirkung des Gebäudes, städtebauliche Bedeutung im Bezug auf die (historische) Baulinienführung, die räumliche Wirksamkeit des Ensembles, auf die Einheitlichkeit der Gebäudehöhen und Dachausformungen, Stadtbildwirksamkeit im Hinblick auf die Geschlossenheit der Ensembles, Bedeutung als baukultureller Beitrag zum örtlichen Stadtbild

Dennoch ist die Beurteilung der Kriterien bezüglich des öffentlichen Interesses an der Erhaltung schlussendlich eine Ermessensentscheidung der Behörde.

Folgende Grafik beschreibt überblicksmäßig die Optionen eines möglichen Ablaufs nach Erstellung des Gutachtens:

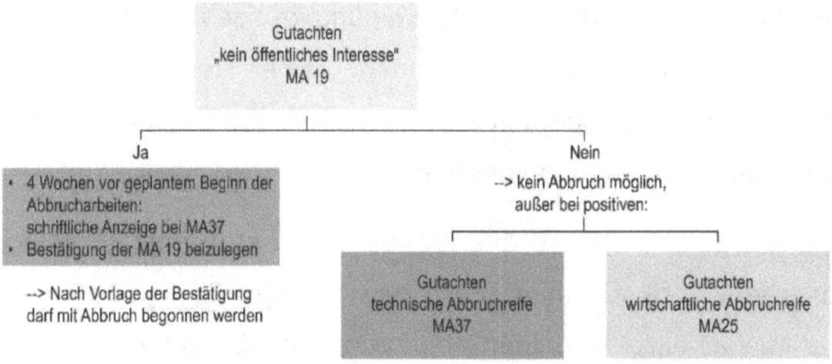

Abbildung 30: Möglicher Ablauf bei Ansuchen um Bestätigung der MA 19. Quelle: Eigene Darstellung.

Sollte die MA 19 eine positive Bestätigung (→ kein öffentliches Interesse) ausstellen, ist der Abbruch bewilligungsfrei. Somit ist nach § 62 Abs. 5a BO Wien lediglich eine Abbruchbeginnsanzeige vier Wochen vor Beginn der Arbeiten der Abbruchwerbenden bei der zuständigen Gebietsgruppe der MA 37 unter Anschluss der Bestätigung des Magistrats einzubringen. Gleichzeitig besagt der Paragraf, dass nach Vorlage einer solchen Bestätigung sofort mit dem Abbruch begonnen werden darf. Dementsprechend liegen zwei zeitlich konträre Kennwerte vor: Einerseits muss vier Wochen vor Abbruch die Anzeige eingebracht werden, andererseits darf gleich nach Vorlage mit dem Abbruch begonnen werden. Wie die Umsetzung in der Praxis aussehen wird, wird sich zeigen.

Im behandelten Beispiel wurde seitens der MA 19 eine negative Bestätigung ausgestellt, da an der Erhaltung ein öffentliches Interesse bestand. Begründet wurde dies folgendermaßen:

Das Gebäude zeigt eine typische Transformation der Gebäude in dieser Gegend: Das zuerst einfache, ebenerdige Wohnhaus wurde im Laufe der Jahre durch eine Aufstockung erweitert. Das Gebäude [...] hat seine Bedeutung aufgrund der Ensemblesituation. Die Straßenfront sowie die einfache Hoffront weisen architekturspezifische Fassadendetails auf.

Da von der MA 19 bloß eine Bestätigung ausgestellt wird (und nicht beispielsweise ein Bescheid), können keine Rechtsmittel dagegen ergriffen werden. Die EigentümerInnen haben somit keine Rechtsmittel, um gegen die Entscheidung vorzugehen.

Wird seitens der MA 19 ein öffentliches Interesse an der Erhaltung des Bauwerks attestiert, ist der Abbruch bewilligungspflichtig. Dem Gebäude wird nur im Fall einer wirtschaftlichen oder technischen Abbruchreife die Abbruchbewilligung erteilt.

Technische Abbruchreife

Rechtliche Sachlage unter LGBl Nr 27/2016

Unter § 60 Abs. 1 lit. d BO für Wien in der Fassung LGBl Nr 27/2016, welche bis zum 29.06.2018 gültig war, war die technische Abbruchreife insofern definiert, als diese eintritt, wenn der „Bauzustand derart schlecht ist, dass die Instandsetzung seiner Wirkung auf das örtliche Stadtbild nach nicht gerechtfertigt erscheint oder das Bauwerk nach der Instandsetzung technisch als ein anderes angesehen werden muss“.

Zur Beurteilung des technischen Zustandes des Gebäudes waren einerseits die Bestandserhebung bzw. der Ingenieursbefund der Stufe 3 laut „Leitfaden zur OIB-Richtlinie 1“, andererseits ein „Gutachten (bestehend aus Befund und gutachtlicher Schlussfolgerung) zur Beurteilung des technischen Bauzustandes des Gebäudes, verfasst von einem/r Ziviltechniker/in oder einem/r gerichtlich beeideten Sachverständigen“ (MA 37, 2015a, S. 2), einzureichen.

Das Vorgehen des Merkblattes „Beurteilung der technischen Abbruchreife“ stellte „eine anerkannte Methode zum Nachweis der ‚technischen Abbruchreife‘ gemäß § 60 Abs. 1 lit. d der Bauordnung für

Wien (BO) dar“ (MA 37, 2015b, S. 1). Darin wurde die Vorgehensweise (ausschnittsweise) folgendermaßen festgehalten:

- Punkt 4: Der Zustand des Gebäudes hinsichtlich der geschädigten Bauteile ist detailliert und nachvollziehbar zu dokumentieren (Fotos und Pläne).
- Punkt 5: Die Bauteile, über die der Bauzustand des Gebäudes definiert ist, sowie deren Wichtungsfaktoren und Bewertungen sind der Tabelle zu entnehmen. Die Wichtungsfaktoren geben bereits die Stellung eines Bauteiles im Gebäude wieder. Daher wirkt sich z. B. eine Schädigung der Fundierung nicht zwangsläufig auf alle anderen Bauteile aus.
- Punkt 14: Es ist die Bezugsfläche der geschädigten Bauteile zu ermitteln.
    - Die Bewertung der Bauteile ist in Prozent (je höher der Prozentwert ist, umso geringer ist der Grad der Schädigung) nach Vorlage der Tabelle festzulegen.
    - Die Flächen der geschädigten Bauteile sind mit der Bewertung und den jeweiligen Wichtungsfaktoren zu multiplizieren.
    - Die so gewichteten und nach Schädigungsgrad bewerteten Flächen der Bauteile werden der gewichteten Gesamtfläche aller Bauteile gegenübergestellt.

➔ Die „technische Abbruchreife“ ist dann gegeben, wenn die Summe der gewichteten und bewerteten Flächen der geschädigten Bauteile weniger als 50 % der gewichteten Gesamtfläche aller Bauteile beträgt.

Die vorangehend erwähnte Tabelle der Wichtungsfaktoren war beispielsweise wie folgt aufgebaut:

Hauptkategorie	Unterkategorie	Wichtung	Bewertung in %	*Beschreibung der Schädigung*
Treppen				
	Haupttreppe	30		
			100	Tragsicherheit ≥ 100%
			0	Tragsicherheit < 100%
			0	Bruch in Einzelstufe bei eingespannten Steinstufen
			0	Rissbildungen im Umfassungsmauerwerk oder Podest bei eingespannten Steinstufen
	Nebentreppe	20		
			100	Tragsicherheit ≥ 100%
			0	Tragsicherheit < 100%
			0	Bruch in Einzelstufe bei eingespannten Steinstufen
			0	Rissbildungen im Umfassungsmauerwerk oder Podest bei eingespannten Steinstufen
Dach				
	Konstruktion (Gespärre, Pfetten, Sparren)	10		
			100	Tragsicherheit ≥ 100%
			50	Tragsicherheit ≥ 50 % und <100%
			0	Tragsicherheit < 50%
			90	Schädigungsgrad laut Gutachten 10%
			80	Schädigungsgrad laut Gutachten 20%
			70	Schädigungsgrad laut Gutachten 30%
			60	Schädigungsgrad laut Gutachten 40%
			50	Schädigungsgrad laut Gutachten 50%
			0	Schädigungsgrad laut Gutachten >50%

Abbildung 31: Tabelle der wesentlichen Bauteile (inkl. Wichtungsfaktoren, Bewertungsstufen und Beschreibung der bewertungsrelevanten Schädigungen). Quelle: Österreichisches Institut für Bautechnik, 2015, S. 3.

Rechtliche Sachlage unter LGBl Nr 37/2018

Mit LGBl Nr 37/2018 (kundgemacht am 29.06.2018) wird in § 60 Abs. 1 lit. d BO für Wien die technische Abbruchreife dahingegen festgelegt, als diese gegeben ist, wenn der „Bauzustand [des Bauwerkes] derart schlecht ist, dass die Instandsetzung technisch unmöglich ist“.

Um „den Akt der Willkür bei der Entscheidungsfindung, was technisch unmöglich" (Kammer der ZiviltechnikerInnen 2018a) sei, auszuschließen, wurden Beurteilungskriterien für den Begriff der technischen Unmöglichkeit von der Kammer der ZiviltechnikerInnen von Wien, Niederösterreich und Burgenland aufgestellt. Diese haben jedoch aus rechtlicher Sicht keine verbindliche Bedeutung.

Zum ersten Mal eingeführt wurde der Begriff der technischen Unmöglichkeit bereits in der Bauordnungsnovelle 2014 (LGBl Nr 25/2014) unter § 129 Abs. 4 BO für Wien, welcher im fünften Satz folgendermaßen geändert wurde: „Die Räumung oder der Abbruch von Bauwerken oder Bauwerksteilen ist anzuordnen, wenn die technische Unmöglichkeit der Behebung der Baugebrechen erwiesen ist." Hierzu wurde in den erläuternden Bemerkungen angeführt, dass Abs. 4 in der Weise geändert wird, dass „die im vierten Satz dieser Bestimmung derzeit normierte rein quantitative Betrachtung der für einen Abbruchauftrag erforderlichen Substanzveränderung entfällt. Dies ändert nichts daran, dass tiefgreifende Änderungen der Bausubstanz eine technische Unmöglichkeit der Instandsetzung mit sich bringen können. Ob dies im Einzelfall zutrifft, ist jeweils durch das Gutachten eines Sachverständigen festzustellen".

Des Weiteren hat die Kammer der ZiviltechnikerInnen (2018b) auf Auszüge aus Entscheidungen des VwGH in Bezug auf den Begriff der technischen Unmöglichkeit verwiesen. Laut Erkenntnis des Verwaltungsgerichtshofes (VwGH) vom 17.06.2003, 2002/05/1200, ist es einer technischen Unmöglichkeit gleichzuhalten, „wenn hiezu [sic!] Baumethoden angewendet werden müssten, deren Anwendung in Wahrheit eine völlige Substanzerneuerung oder eine Erneuerung des Gebäudes – was jedenfalls bei Ersetzung von nahezu allen wesentlichen raumbildenden Bauelementen durch neue Bauteile zutrifft – darstellt (Hinweis E 13. Oktober 1975, 1015/75)".

Ebenso hat der VwGH in seinem Erkenntnis vom 31.07.2006, 2005/05/0370, festgehalten, dass eine Erneuerung einer technischen Unmöglichkeit entspricht, wenn der Verfallszustand des Gebäudes bereits ein derartiges Ausmaß angenommen hat (Einsturz, Durchfeuchtung, Vermorschung, Verwitterung), dass nahezu alle wesentlichen raumbildenden Bauelemente in ihrer Substanz erneuert werden müssen.

Die Kammer der ZiviltechnikerInnen schließt aufgrund dieser Definitionen, dass „die technische Unmöglichkeit in der Regel automatisch auch einen unzumutbaren wirtschaftlichen Aufwand nach sich zieht. Warum der Gesetzgeber die technische Unmöglichkeit trotzdem angeführt hat, kann daher so verstanden werden, dass auch der sehr seltene Fall einer wirtschaftlichen Zumutbarkeit bei gleichzeitiger technischen Unmöglichkeit (im o. a. Sinne) abgedeckt ist“ (Kammer der ZiviltechnikerInnen 2018b).

Möchten nun Abbruchwerbende um technische Abbruchreife ansuchen, sind folgende Unterlagen der MA 37 zu übermitteln (MA 37, 2018b, S.1):

- Ansuchen
- Baupläne (Darstellung des Konsenses)
- Zustimmung der GrundeigentümerInnen
- Bestandserhebung der Stufe 3 lt. „Leitfaden zur OIB-Richtlinie 1“
- Gutachten (bestehend aus Befund und gutachterlicher Schlussfolgerung) zur Beurteilung des technischen Bauzustandes des Gebäudes sowie eine fundierte schlüssige und nachvollziehbare Beschreibung der technischen Unmöglichkeit der Instandsetzung
  Ob die technische Unmöglichkeit der Instandsetzung im Einzelfall gegeben ist, ist jeweils durch eine befugte sachverständige Person festzustellen.

Nach welchen Kriterien sich eine fundierte schlüssige und nachvollziehbare Beschreibung der technischen Unmöglichkeit der Instandsetzung in der Praxis zusammensetzen wird, ist nicht abschließend geklärt. Primär wird es jedoch den EigentümerInnen vermutlich darum gehen, die völlige Substanzveränderung oder eine Erneuerung des Gebäudes darzustellen. Diese ist gegeben, wenn „nahezu alle wesentlichen (insbesondere raumbildende) Bauteile bereits durch z. B. Einsturz, Durchfeuchtung, Vermorschung oder Verwitterung geschädigt und [...] in ihrer Substanz erneuert werden“ müssten (MA3, 2018b, S.1).

In dem angeführten Praxisbeispiel wurde die technische Abbruchreife nicht bestätigt: *„Eine technische Abbruchreife konnte nicht nachgewiesen werden. Es ist im konkreten Fall auch nicht davon auszugehen, dass es keine technische Möglichkeit für eine Instandsetzung gibt. Demnach ist die technische Abbruchreife aus statischer bzw. technischer Sicht nicht gegeben.“*

Seitens des Eigentümers wurden eine Gebäudezustandsüberprüfung und Prüfung der technischen Abbruchreife in Auftrag bei einem Sachverständigen gegeben. Dies geschah jedoch kurz vor Inkrafttreten der Bauordnungsnovelle LGBl Nr 37/2018. Dennoch ist stark zu hinterfragen, ob die Behörde das Gutachten gemäß der Definition der technischen Unmöglichkeit korrekt beurteilt hat. Im angeführten Gutachten wurde festgestellt, dass einzig Fenster und Türen sowie die Decke des Erdgeschoßes und Obergeschoßes einen Beschädigungsgrad von weniger als 50 % aufweisen.

Wirtschaftliche Abbruchreife

Rechtliche Sachlage unter LGBl Nr 27/2016

Bis zum Inkrafttreten der Novelle LGBl Nr 37/2018 war die Anzahl der Abbrüche, die auf einer technischen Abbruchreife beruhten, deutlich höher als die jener, die aufgrund einer wirtschaftlichen Abbruchreife bewilligt wurden (Fuchs 2019). Zu begründen war dies schlicht durch die einfachere Beweisführung. Aufgrund der klar dargelegten anerkannten Methode zum Nachweis der technischen Abbruchreife im Merkblatt „Beurteilung der technischen Abbruchreife“ war die Vorgehensweise eindeutig. Dem entgegengesetzt war die Situation bei der Darlegung der wirtschaftlichen Abbruchreife. Darüber hinaus ist ein bedeutender Aspekt, dass damals in der Regel die technische vor der wirtschaftlichen Abbruchreife zum Tragen kam.

Inhaltlich wurde die wirtschaftliche Abbruchreife durch die Novelle nicht geändert, obwohl sie umformuliert wurde. § 60 Abs. 1 lit. d BO für Wien idF LGBl Nr 27/2016 lautete wie folgt: „[...] In Schutzzonen darf die Abbruchbewilligung nur erteilt werden, wenn an der Erhaltung des Bauwerkes infolge seiner Wirkung auf das örtliche Stadtbild kein öffentliches Interesse besteht und es seiner Ausführung, seinem Charakter oder seinem Stil nach den benachbarten Bauwerken in derselben oder gegenüberliegenden Häuserzeile nicht angeglichen ist oder sein Bauzustand derart schlecht ist, dass die Instandsetzung seiner Wirkung auf das örtliche Stadtbild nach nicht gerechtfertigt erscheint oder das Bauwerk nach der Instandsetzung technisch als ein anderes angesehen werden muss."

Es lässt sich erkennen, dass weder das Wort „wirtschaftlich" noch ein Synonym dessen enthalten ist. Auch wird der Begriff „Abbruchreife" nicht aufgegriffen. Jedoch ist mE anzunehmen, dass aus der Phrase „die Instandsetzung erscheint seiner Wirkung auf das örtliche Stadtbild nach nicht gerechtfertigt" die wirtschaftliche Unzumutbarkeit abzuleiten ist, auf welcher die wirtschaftliche Abbruchreife beruht.

Rechtliche Sachlage unter LGBl Nr 37/2018

Anders ist dies in der nun mehr aktuellen Fassung, welche mit 30.06.2018 in Kraft getreten ist. § 60 Abs. 1 lit. d BO für Wien wurde folgendermaßen geändert: „Für Bauwerke in Schutzzonen und Gebäude, die vor dem 1.1.1945 errichtet wurden, darf die Abbruchbewilligung nur erteilt werden, wenn [...] sein Bauzustand derart schlecht ist, dass die Instandsetzung technisch unmöglich ist oder nur durch wirtschaftlich unzumutbare Aufwendungen bewirkt werden kann."

Die Phrase „wirtschaftlich unzumutbare Aufwendungen“ ist in dem nunmehr geltenden Recht mE eindeutig als wirtschaftliche Abbruchreife zu interpretieren.

Zur wirtschaftlichen Zumutbarkeit hat der Verwaltungsgerichtshof (unter Verweis auf das Erkenntnis Slg. 9063/A) ausgeführt, dass verschiedene Gesichtspunkte maßgeblich sein können (VwGH 2006/06/0083):

- Es könne eine Instandsetzungsmaßnahme als wirtschaftlich zumutbar angesehen werden, wenn sich daraus eine Erhöhung des Verkehrswertes oder des Ertragswertes des Eigentums ergebe, in welcher die Kosten der Maßnahme Deckung finden.
- Wirtschaftlich zumutbar seien dem Hauseigentümer ferner solche Maßnahmen, zu deren finanzieller Deckung er öffentliche Mittel, aus welchem Titel immer, anzusprechen in der Lage sei, möge er eine solche Maßnahme auch aus freier Willensentschließung unterlassen haben.
- Die wirtschaftliche Zumutbarkeit sei weiters dann anzunehmen, wenn der Hauseigentümer die Kosten auf Miet- oder Pachtzinse überwälzen könne; in diesem Falle müsse allerdings mit berücksichtigt werden, ob die Möglichkeit einer Vermietung oder Verpachtung nach der vorausschaubaren Entwicklung unter Bedachtnahme auf einen allfälligen Wandel in den allgemeinen Anschauungen über die Ausstattung eines Bestandobjektes innerhalb der Amortisationszeit eines zur Deckung des finanziellen Aufwandes nötigen Darlehens gewährleistet sei. Stets müsse der gesamte notwendige Erhaltungsaufwand für die während des Amortisationszeitraumes eines aufzunehmenden Instandsetzungsdarlehens notwendigen Erhaltungsmaßnahmen sowie dem bereits vorher aufgelaufenen und noch nicht getilgten Instandsetzungsaufwand für das Haus umfassen.

Nach dem Merkblatt der MA 25 „Beurteilung der wirtschaftlichen Abbruchreife von Gebäuden in der Schutzzone; Gebäuden in Gebieten mit Bausperren; Gebäuden, die vor 1945 errichtet wurden“ sind folgende Unterlagen zum Erwirken einer Abbruchbewilligung erforderlich:

- Bestandserhebung der Stufe 3 lt. „Leitfaden zur OIB-Richtlinie 1“
- Planunterlagen in Einreichplanqualität über die Sanierungsarbeiten, welche die Basis für das Gutachten bilden
- Gutachten einer Ziviltechnikerin, eines Ziviltechnikers, einer zertifizierten Sachverständigen bzw. eines zertifizierten Sachverständigen des einschlägigen Fachgebietes über die wirtschaftliche Abbruchreife
    - Angabe des Bruttorauminhalts, der Bruttogrundfläche und der Nettogrundfläche
    - gewerksweise eindeutig objektsbezogen zuordenbare Leistungsverzeichnisse, jeweils aufgegliedert in Ausmaß und Einheitspreis für alle am Objekt erforderlichen Erhaltungsarbeiten
    - Mieterliste bzw. tabellarische Aufstellung der einzelnen Mietgegenstände mit Angaben über die Nutzflächen und Ausstattungskategorien vor und nach Sanierung

Berechnung der wirtschaftlichen Abbruchreife

Die wirtschaftliche Abbruchreife ist durch die „Gegenüberstellung der ermittelten Kosten für die Sanierung des Gebäudes mit dem Ertragswert der Liegenschaft nach Sanierung zuzüglich Rücklagen, allfälliger Förderungsmittel, Zinsen etc." zu ermitteln (MA 25, 2018, S. 2). Als wesentliche Frage steht im Mittelpunkt, ob den EigentümerInnen Kosten entstehen, für die kein Gegenwert durch die Liegenschaft vorliegt (Tschismasia, 2018, S. 6).

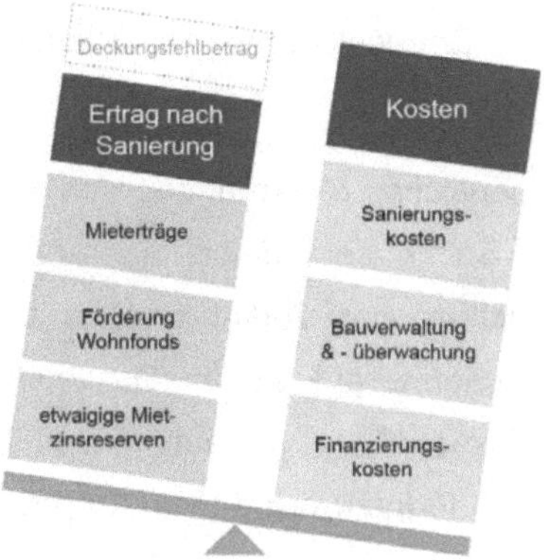

Abbildung 32: Komponenten der wirtschaftlichen Abbruchreife.
Quelle: Tschismasia, 2018, S. 8. Eigene Darstellung.

Überwiegen die Kosten den Ertrag nach Sanierung, ist die Abbruchbewilligung zu erteilen. Die Differenz des Ertrags nach Sanierung zu den Kosten wird als Deckungsfehlbetrag bezeichnet.

Exkurs: Grundlegende Begriffe & Ablauf des Ertragswertverfahrens (§ 5 LBG)

Verkehrswert

Der Verkehrswert ist nach § 2 Abs. 2 und 3 des Bundesgesetzes über die gerichtliche Bewertung von Liegenschaften (Liegenschaftsbewertungsgesetz – LBG), StF: BGBl. Nr. 150/1992:

- jener Preis, der bei einer Veräußerung der Sache üblicherweise im redlichen Geschäftsverkehr für sie erzielt werden kann

- und bei welchem bei der Ermittlung die besondere Vorliebe und andere ideelle Wertzumessungen einzelner Personen außer Betracht zu bleiben haben.

Es handelt sich um einen stichtagsbezogenen Wert, wobei ein wesentliches Merkmal des Verkehrswerts ist, dass dieser nicht der Preis der Sache sein muss, aber durchaus sein kann. Vielmehr dient die Ermittlung des Verkehrswertes als Basis für einen Liegenschaftshandel zwischen zwei Parteien. Der tatsächliche Preis, zu welchem eine Sache schlussendlich verkauft/gekauft wird, ist zwischen KäuferIn und VerkäuferIn zu verhandeln (Popovic, 2018, S. 3).

Ertragswert

Gemäß § 5 Abs. 1 LBG ist der Ertragswert jener Wert der Sache, der

- „durch Kapitalisierung des für die Zeit nach dem Bewertungsstichtag zu erwartenden oder erzielten Reinertrags zum angemessenen Zinssatz
- und entsprechend der zu erwartenden Nutzungsdauer der Sache"

ermittelt wird. Demnach entspricht dieser dem errechneten Wert einer Sache auf Basis eines zukünftigen oder gegenwärtigen Ertrages.

Ablauf

Die Herleitung des Wertes einer Liegenschaft kann durch verschiedene wissenschaftlich anerkannte Wertermittlungsmethoden durchgeführt werden. Die Bewertung von Liegenschaften erfolgt in Österreich im Allgemeinen nach den Regelungen der:

- kodifizierten oder
- nicht kodifizierten Verfahren.

Zu den nicht kodifizierten Verfahren zählen das Discounted Cashflow-Verfahren, das Residualwertverfahren und das Modell der hedonischen Preise.

Das Ertragswertverfahren zählt zu den kodifizierten Verfahren. Diese sind im Liegenschafts-bewertungsgesetz geregelt. Hierzu zählen neben dem Ertragswertverfahren, das Vergleichswert- und Sachwertverfahren.
Das Ertragswertverfahren (geregelt in § 5 LBG) wird herangezogen, um bebaute Liegenschaften zu bewerten, „deren Nutzungsbestimmung es in erster Linie ist, aus den Erträgen über die Bewirtschaftungskosten hinaus eine angemessene Verzinsung des Kapitals zu erzielen, welches durch den Verkehrswert der Liegenschaft repräsentiert wird“ (Kranewitter, 2010, S. 87). Grundannahme ist, dass der Wert eines Renditeobjektes von den Erträgen der Wohnimmobilie dominiert ist (Feilmayr, 2015, S.40).

Das klassische Ertragswertverfahren ist zweigliedrig:

I. Ermittlung des Bodenwert,
II. Ermittlung des Wertes der baulichen Anlagen und der Außenanlagen (soweit nicht bereits in den baulichen Anlagen berücksichtigt).

Während der Ertrag des Grundstückes durch eine ewige Rente berechnet wird, wird der Barwert aus den Gebäudeerträgen anhand der Restnutzungsdauer der Immobilie ermittelt (Feilmayr, 2015, S.43).

I. Die Bewertung von Grund und Boden wird im Zuge des Vergleichswertverfahren (§ 4 LBG) vorgenommen. Der Wert der Sache (in diesem Fall des Bodens) wird durch einen Vergleich mit tatsächlich erzielten Kaufpreisen vergleichbarer Sachen ermittelt (Vergleichswert). „Vergleichbare Sachen sind solche, die hinsichtlich der den Wert beeinflussenden Umstände weitgehend mit der zu bewertenden Sache übereinstimmen. Abweichende Eigenschaften der Sache und geänderte Marktverhältnisse sind nach Maßgabe ihres Einflusses auf den Wert durch Zu- oder Abschläge zu berücksichtigen“ (§ 4 Abs. 1 LBG). Durch Heranziehen einer großen Anzahl von geeigneten Vergleichspreisen wird der Verkehrswert ermittelt (Kranewitter, 2010, S. 59).

II. Die Wertbestimmung der baulichen Anlagen scheint für den Laien des Öfteren weniger nachvollziehbar und plausibel (Kranewitter, 2010, S. 59). Der Wert wird durch folgendes Schema des Ertragswertverfahrens ermittelt:

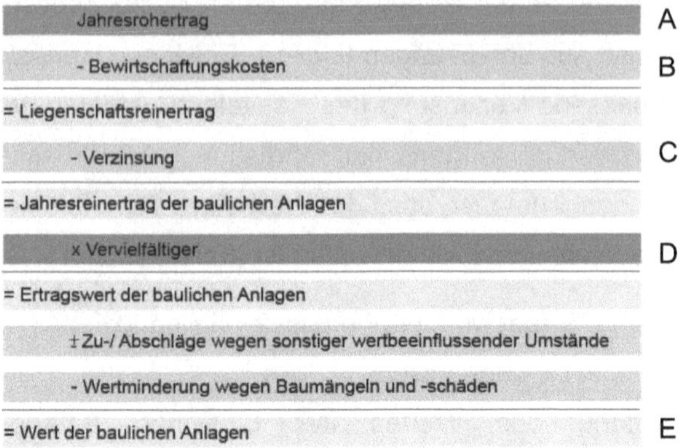

Abbildung 33: Schema des Ertragswertverfahrens.
Quelle: Kranewitter, 2010, S. 88. Eigene Darstellung.

A. Jahresrohertrag

Alle erzielbaren Einnahmen bei ordnungsgemäßer Bewirtschaftung, die für die jeweiligen Bestandsobjekte zulässig sind, werden als Nettoerträge im Jahresrohertrag umfasst. Neben Miete und Pacht für Wohnungen, Garagen etc. werden ebenso Einnahmen für Freiflächen hinzugerechnet (Kranewitter, 2010, S. 88). „Sind die tatsächlich erzielten Erträge in Ermangelung von Aufzeichnungen nicht erfassbar oder weichen sie von den bei ordnungsgemäßer Bewirtschaftung der Sache erzielbaren Erträgen ab, so ist von jenen Erträgen, die bei ordnungsgemäßer Bewirtschaftung der Sache nachhaltig hätten erzielt werden können, und dem bei einer solchen Bewirtschaftung entstehenden Aufwand auszugehen; dafür können insbesondere Erträge vergleichbarer Sachen oder allgemein anerkannte statistische Daten herangezogen werden“ (Bienert/Funk, 2014, S. 32). Zudem wird die Höhe des Jahresrohertrages maßgeblich vom Rechtsverhältnis

(Mietrechtsgesetz oder bestandsrechtliche Bestimmungen des ABGB) der Wohnimmobilie bestimmt (Feilmayr, 2015, S.41).

B. Bewirtschaftungskosten

Diese stellen im Rahmen einer üblichen Bewirtschaftung einer Liegenschaft wiederkehrende Kosten dar, die durch EigentümerInnen zu tragen sind und nicht auf die Mietenden umwälzbar sind. „Die kumulierten kalkulatorischen Bewirtschaftungskosten entsprechen im Regelfall mind. 10 bis maximal 35 % der Jahresroherträge einer Liegenschaft. Diese sind im Einzelfall abhängig von der Nutzungsart, dem Gebäudetyp, dem Baujahr bzw. dem Jahr der letzten Grundsanierung, der Gemeindegröße, der Größe des Objektes sowie dem Ausstattungsstandard etc." (Bienert/Funk, 2014, S. 347).

Im Detail zählen hierzu (Kranewitter, 2010, S. 89ff):

- Verwaltungskosten
- Betriebskosten
- Instandhaltungskosten
- Mietausfallwagnis

C. Verzinsung

Der Liegenschaftsreinertrag setzt sich aus dem Reinertrag aus Grund und Boden sowie dem Reinertrag der baulichen Anlagen zusammen (Popovic, 2018, S. 21). Um in weiterer Folge eine Kapitalisierung des Reinertrags vornehmen zu können, müssen die Komponenten des Liegenschaftsreinertrags differenziert betrachtet werden. Denn ein Gebäude verfügt nur über eine begrenzte Nutzungsdauer, während der Grund und Boden keine zeitliche Nutzungsdauer aufweist. Demgemäß ist für die Kapitalisierung des Reinertrags der baulichen Anlagen eine zeitliche Rente anzusetzen, für den Reinertrag aus Grund und Boden hingegen eine ewige Rente (Sanchez de la Cerda, 2018, S. 22). Die Kapitalisierung des Reinertrags aus Grund und Boden wird als

Bodenwertverzinsung bezeichnet und wird durch den Jahreswert einer ewigen Rente errechnet (Kranewitter, 2010, S. 92). Die Subtraktion der Bodenwertverzinsung vom Liegenschaftsreinertrag ergibt den Jahresreinertrag der baulichen Anlagen.

D. Vervielfältiger

Der Ertragswert errechnet sich als Barwert einer nachschüssig zu zahlenden Zeitrente. Im Zuge der Liegenschaftsbewertung erfolgt dies durch die Kapitalisierung der Jahresreinerträge der baulichen Anlagen über die Restnutzungsdauer (Sanchez de la Cerda, 2018, S. 25). Hierfür wird der Vervielfältiger herangezogen, welcher in der Finanzmathematik auch als Rentenbarwertfaktor bezeichnet wird. Dessen Formel lautet:

$\frac{((i+1)^n-1)}{((i+1)^n*i)}$, wobei n = Anzahl der Perioden und i = Kapitalisierungszinssatz sind.

Die entscheidenden Parameter des Vervielfältigers sind die Restnutzungsdauer (n) sowie der Liegenschaftszinssatz (i). Daher lautet die Formel des Vervielfältigers:

$$Vervielfältiger = \frac{((Liegenschaftszins + 1)^{Restnutzungsdauer} - 1)}{((Liegenschaftszins + 1)^{Restnutzungsdauer} * Liegenschaftszins)}$$

Der Wert einer Immobilie ist folglich stark vom Liegenschaftszinssatz abhängig. Dieser drückt die Rendite aus, die sich Investierende für das eingesetzte Kapital erwarten. Durch den Liegenschaftszinssatz werden beispielsweise Konjunkturschwankungen, branchenabhängige Probleme, Einflüsse aufgrund einer besonderen Lage der bewerteten Liegenschaft oder die Nutzungsart berücksichtigt. Er kann somit als Gradmesser für das mit dem Eigentum des Objekts verbundene Risiko bezeichnet werden (Kranewitter, 2010, S. 93–101). Ein niedriger Zinssatz bedeutet ein geringes Risiko sowie einen hohen Wert der

Liegenschaft, während ein hoher Zinssatz ein höheres Risiko und einen niedrigeren Wert der Liegenschaft ausdrückt.

Die Bestimmung des Liegenschaftszinssatzes ist komplex. Überblicksmäßig kann die Höhe entweder aus den Empfehlungen des Hauptverbandes der allgemein beeideten und gerichtlich zertifizierten Sachverständigen Österreichs übernommen werden oder aus dem Kapitalmarktzinssatz beziehungsweise dem Zinssatz aus Kaufpreisen von Liegenschaften abgeleitet werden (Kranewitter, 2010, S. 93–101).

Als Restnutzungsdauer wird der verbleibende Zeitraum bezeichnet, für den die baulichen Anlagen bei ordnungsgemäßer Bewirtschaftung und Unterhaltung voraussichtlich wirtschaftlich genutzt werden können (ÖNORM B 1802-2, 2008, S. 4).

Berechnet wird sie folgendermaßen (Kranewltter, 2017, S. 77):

  übliche Gesamtnutzungsdauer
- Alter des Gebäudes

= Restnutzungsdauer

E. Wert der baulichen Anlage

Nach erfolgter Multiplikation des Vervielfältigers mit dem Jahresreinertrag, können vom errechneten Gebäudeertrag Wertminderungen beziehungsweise Zu- und Abschläge vorgenommen werden, um den Bauwert des Gebäudes zu erhalten.

Schlussendlich wird durch die Addition des Bodenwertes mit dem Bauwert des Gebäudes, sowie der Außenanlagen der Ertragswert der Liegenschaft errechnet.

Berechnung des Ertrags nach Sanierung

Als heranzuziehender Kennwert wird der Ertragswert der gesamten Liegenschaft (inklusive Nebengebäude) laut Liegenschafts-bewertungsgesetz berechnet. Es wird der Bodenwert berücksichtigt und die Annahme einer fiktiven Sanierung getroffen (MA 25, 2018, S. 3). Die Grundlage zur Berechnung bildet die konsensgemäße Bestandsbebauung. Als konsensgemäß wird der gesetzmäßige Bestand eines Bauwerks bezeichnet. Dieser ist gegeben, wenn das Bauwerk der erteilten Baubewilligung entspricht. Weiters wird die mögliche Bebauung laut Flächenwidmungs- und Bebauungsplan nicht berücksichtigt (Tschismasia, 2018, S. 10).

Zu den Mieterträgen zählen neben möglichen Mieterhöhungen durch das §-18-MRG-Verfahren über zehn Jahre ebenso die Richtwert-mieten über die verbleibende Restnutzungsdauer. Des Weiteren können in die Berechnung Förderungen, beispielsweise des Wohnfonds, miteinbezogen werden.

Ausgangslage war im vorliegenden Beispiel, dass die gegenständliche Liegenschaft nach Sanierung bestandsfrei ist. Im Rahmen der Ertragswertermittlung wird von einer zukünftigen unbefristeten Vermietung von Wohnungen der Kategorie C unter Zugrundelegung der vorhandenen Ausstattungsmerkmale ausgegangen.

Wie bereits angeführt wurde, wäre seit dem OGH-Urteil vom 20.11.2017 ein umfassendes Gutachten über die Anwendbarkeit eines Lagezuschlages notwendig. Demnach ist nämlich die Beurteilung, ob eine Lage in einer bestimmten Wohnumgebung als überdurchschnittlich anzusehen ist, nicht aus den (in der

Lagezuschlagskarte abgebildeten) Grundkostenanteilen abzuleiten, sondern nach der allgemeinen Verkehrsauffassung und aus der Erfahrung des täglichen Lebens. Aufgrund dessen wurden im Fall dieser Liegenschaft zwei mögliche Varianten des zulässigen Mietzinses mit und ohne Lagezuschlag entsprechend beschrieben. Es wurde ein Ertragswert ohne Lagezuschlag von etwa 600.000 € ermittelt, mit Lagezuschlag beläuft sich der Wert der Liegenschaft auf etwa 700.000 €.

Berechnung des Kostenaufwands

Bei Aufstellung der Kosten wird von einem baurechtlichen Konsens ausgegangen. Allgemein wird bei der Aufstellung des Kostenaufwands wie folgt vorgegangen:

Abbildung 34: Schema der Kostenberechnung.
Quelle: Tschismasia, 2018, S. 19. Eigene Darstellung.

Zu den in den Sanierungskosten inkludierten Kennwerten zählen laut MA 25 „angemessene Kosten der zur Erhaltung des Gebäudes notwendigen, einschließlich der im Interesse der Wahrung des Ortbildes erforderlichen Baumaßnahmen" (Tschismasia, 2018, S. 16). Zugleich können außerdem „angemessene Kosten der Maßnahmen, die dazu dienen, Wohnungen oder Geschäftsräumlichkeiten unter Bedachtnahme auf den erteilten Baukonsens in einen vermietbaren Zustand zu versetzen", angerechnet werden (Tschismasia, 2018, S. 16). Eine Gesamtertüchtigung auf den heutigen Stand der Technik ist jedoch nicht vorgesehen. Auch

Baunebenkosten wie beispielsweise Kosten der Bauverwaltung und -überwachung von bis zu zehn Prozent der Baukosten, abhängig von den erforderlichen Baumaßnahmen, können zugutegehalten werden (MA 25, 2018, S. 2). Nicht berücksichtigt werden können Kosten, die für etwaige Rückführungen nach vorschriftswidrigen Baumaßnahmen oder für die Beseitigung von Vorschriftswidrigkeiten anfallen. Desgleichen gilt für Kosten von Wiederherstellungsmaßnahmen von schon abgebrochenen Teilen und notwendigen Maßnahmen, die aus einer Grundabtretung resultieren (Tschismasia, 2018, S. 17). Einen Spezialfall bilden die durch die Gesetzesänderung veranlassten Abbruchstopps Ende Juni. Auf diese wird im nächsten Abschnitt „Mögliche Herausforderungen" eingegangen.

Um das aufzunehmende Darlehen zu ermitteln, müssen von den summierten Kosten der Sanierung sowie der Bauverwaltung und -überwachung die Mietzinsreserven subtrahiert werden. Die mit der Aufnahme des Darlehens mit einer Laufzeit von zehn Jahren verbundenen Geldbeschaffungskosten und die angemessenen Sollzinsen werden in weiterer Folge hinzugerechnet.

Im vorliegenden Beispiel wurde ein Anbot für eine Generalsanierung eingeholt. Dieses belief sich inklusive der notwendigen partiellen Abbrüche auf rund 800.000 €. Weitere knapp 300.000 € müssen für die erforderlichen Baustellengemeinkosten hinzugerechnet werden.

Ergebnis der wirtschaftlichen Abbruchreife

Da das Gebäude seit Langem leerstehend ist, können keine Mietzinsreserven geltend gemacht werden.

Insgesamt beläuft sich das aufzunehmende Darlehen demgemäß auf etwa 1.100.000 €. Da dies bereits den Ertragswert nach Sanierung (600.000 € beziehungsweise 700.000 €) übersteigt, ist aufgrund des berechneten Deckungsfehlbetrags die wirtschaftliche Abbruchreife prinzipiell gegeben.

Bei Bestehen eines Deckungsfehlbetrags kann allerdings bei äußerst großem Interesse an der Erhaltung des Bauwerks eine Förderung geltend gemacht werden. Die MA 7 kann in diesen Fällen durch den Wiener Altstadterhaltungsfonds einen Zuschuss in Höhe des Deckungsfehlbetrags gewähren.

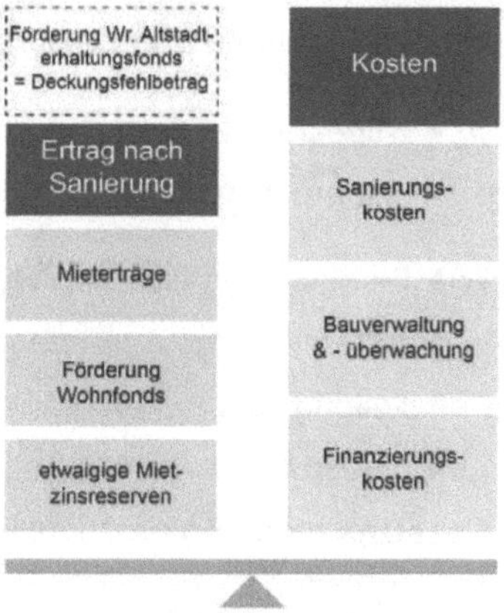

Abbildung 35: Förderung des Deckungsfehlbetrags.
Quelle: Eigene Darstellung.

Demnach liegt die letzte Entscheidung zur Erhaltung eines Gebäudes mit hohem öffentlichem Interesse allgemein bei der Stadt.

6. Zu erwartende Herausforderungen und Reaktionen auf die Bauordnungsnovelle

6.1 Mögliche Herausforderungen

Oftmals stellen sich nach gesetzlichen Änderungen (siehe Entwicklung des Mietrechtes) unerwartete Herausforderungen bei der Umsetzung der rechtlichen Regelungen. Infolge von Außerachtlassen von wesentlichen Details oder einer außerplanmäßigen Auslegung des Gesetzestextes können Probleme und Unklarheiten auftreten.

- Spezialfall: der durch die Gesetzesänderung veranlasste Abbruchstopp

Wie bereits angeführt wurde, können im Allgemeinen keine Kosten für Wiederherstellungs-maßnahmen von zuvor abgebrochenen Teilen bei der Feststellung der wirtschaftlichen Abbruchreife herangezogen werden. Eine Ausnahme hierzu bilden jene Abbrüche, die in Folge der Gesetzesänderung gestoppt wurden.

Durch das rasche Inkrafttreten der Novelle ohne Übergangs-bestimmungen wurde über ehemals vorschriftsgemäß bewilligungsfreie Abbrüche die Einstellung der begonnenen Bauführung verfügt (Fuchs, 2018, S.204). Der Konsens des Bauwerks war jedoch durch den Abbruch noch nicht untergegangen (im Speziellen war noch mehr als die Hälfte der Bausubstanz vorhanden). Wurde in weiterer Folge ein öffentliches Interesse an der Erhaltung attestiert, konnte der Abbruch nur fortgeführt werden, wenn die technische oder wirtschaftliche Abbruchreife festgestellt wurde. Demgemäß ist für Fälle der wirtschaftlichen Abbruchreife zu eruieren, welche „Gesichtspunkte im Sinne einer wirtschaftlichen Abbruchreife bzw. der Annahme von Verhältnismäßigkeit für die Erteilung einer Abbruchbewilligung oder die Anordnung von

Aufträgen zur Wiederherstellung und Instandsetzung maßgeblich sind" (Fuchs, 2018, S. 204).

Zur Ausführung der weiteren Überlegungen werden folgende Voraussetzungen zugrunde gelegt. Es wird angenommen, dass der Abbruch vorschriftsgemäß (insbesondere bewilligungsfrei) begonnen wurde. Auch wird vorausgesetzt, dass der Konsens im ursprünglichen Umfang weiterhin besteht und nicht infolge des Abbruchs untergangen ist. So besitzt beispielsweise ein ehemals fünfstöckiges Gebäude noch mindestens drei Geschoße. Weiters wird davon ausgegangen, dass die verfügte Baueinstellung der Baubehörde zulässig war. „Zu beachten ist darüber hinaus, dass für diese aktuell zu beurteilende Konstellation keine explizite gesetzliche Regelung oder Judikatur besteht. Auch zu der gleich gelagerten Konstellation der nachträglichen Festlegung einer Bausperre bzw. Schutzzone zu einem bewilligungsfrei begonnenen Abbruch besteht keine gesicherte höchstgerichtliche Judikatur" (Fuchs, 2018, S. 204). Aufgrund dessen stützt sich die Begründung der behandelten Thematik auf allgemeine Grundsätze sowie die Systematik der Wiener Bauordnung.

Für den vorliegenden Fall gilt, dass der begonnene Abbruch zum damaligen Zeitpunkt einerseits vorschriftsgemäß war und andererseits der Konsens im ursprünglichen Ausmaß nicht unterging. Dennoch entspricht das Bauwerk nach dem begonnenen und gestoppten Abbruch nicht mehr dem alten Konsens (statt fünf Geschoßen bestehen lediglich drei), es ist daher konsenswidrig.

Zur Beurteilung der wirtschaftlichen Abbruchreife können lediglich Kosten für die Rückführung von rechtswidrig durchgeführten Baumaßnahmen nicht berücksichtigt werden. Das Vorgehen führte zwar zu einem konsenswidrigen Bauwerk, dennoch war es vorschriftsgemäß. „Eine Bauführung zur Wiederherstellung eines konsensgemäßen Zustands des Gebäudes stellt daher keine Rückführung einer rechtswidrig durchgeführten Baumaßnahme dar" (Fuchs, 2018, S. 205). Somit ist anzunehmen, dass Wiederherstellungsmaßnahmen für die Rückführung zum konsensmäßigen Zustand unter diesen Grundannahmen einbezogen werden können.

- Reihenfolge der einzuholenden Bewilligungen

Inwiefern sich eine zu berücksichtigende Reihenfolge etabliert oder sich Probleme ergeben, wird abzuwarten sein. Aus dem Gesetz ist keine klare Vorgehensweise abzuleiten. Prinzipiell besteht die Möglichkeit, eine Anzeige des Abbruchsbeginns einzubringen, auch wenn noch keine Bestätigung seitens der MA 19 ausgestellt wurde. Dadurch wird es des Weiteren ermöglicht, um eine Baubewilligung anzusuchen. Seitens des ÖVP-Abgeordneten Ulm wurde das in der 26. Sitzung des Wiener Landtages folgendermaßen kritisiert:

„Das (Anm.: die einzuhaltende Reihenfolge der Bewilligungen) ist ja nicht wirklich eindeutig formuliert, denn diese Bestätigung der MA 19 ist eine Sache, die Anzeigepflicht oder die Anzeigemöglichkeit eine andere und das Ansuchen um Baubewilligung ist die dritte Sache. [...] Ich kann ja eine bloße Anzeige auf Abbruch nur mit der Bestätigung der MA 19 machen. Jetzt ist aber vorgesehen, auch wenn ich diese Bestätigung nicht bekomme, dass ich trotzdem eine Anzeige mache, praktisch als Voraussetzung dafür, dass ich dann um eine Baubewilligung ansuchen kann. [...] Ich weiß auch nicht, ob ich gleich um die Baubewilligung ansuchen kann oder ob ich vorher eine absolut untaugliche Aktion setzen muss, indem ich nämlich die Anzeige mache, aber ohne Bestätigung."

- Zeitliche Gültigkeit der Bestätigung der MA 19

Ebenso ungeklärt ist, wie lange solch eine Bestätigung Gültigkeit besitzt. Hierzu ist im Gesetzestext kein Verweis zu finden. Einerseits wird so dadurch ermöglicht, dass EigentümerInnen die Bestätigung als „Vorsorge" beantragen und diese lediglich aufbewahren. Andererseits stellt sich die Frage nach der Sinnhaftigkeit. Zweckmäßig wäre zumindest eine Aufhebung der Bestätigung bei Änderungen der Bausubstanz, auf welcher die Bestätigung beruht (Fuchs, 2019). Werden Änderungen vorgenommen, sollte dies zu einer Aufhebung der Bestätigung führen. Festgehalten im Gesetz ist dies jedoch nicht. Auch eine zeitliche Befristung könnte angedacht werden (Pawkowicz, 2018).

- Treffsicherheit der Maßnahme

Ein großes Fragezeichen befindet sich hinter den in der Realität durch die Novelle unterbundenen Abbrüchen. Nach Inkrafttreten der Novelle mit Ende Juni 2018 wurden seit dem 01.07.2019 nach der neuen Gesetzeslage 426 Verfahren abgeführt (Antwort zu PGL-120817-2019-KVP/GF, 2019, S. 2). Von diesen konnte 55 Ansuchen aufgrund der Wirkung der Gebäude auf das örtliche Stadtbild keine Bestätigung ausgestellt werden. „Bei jenen Verfahren, die mit einer Bestätigung abgeschlossen wurden, welche kein öffentliches Interesse am Erhalt des Bauwerks infolge seiner Wirkung auf das örtliche Stadtbild seitens des Magistrats feststellen konnte, handelte es sich fast ausschließlich um gründerzeitliche Objekte mit abgeräumten und/oder überformten Fassaden sowie Hofgebäude, die aus dem öffentlichen Raum nicht einsehbar waren. Die zweite, allerdings wesentlich kleinere Anzahl von Gebäuden betraf schlicht gestaltete Einfamilienhäuser aus der Zwischenkriegszeit" (Antwort zu PGL-120817-2019-KVP/GF, 2019, S.2).

Laut Beatrix Hornschall, Vizepräsidentin des Verwaltungsgerichts Wien, erhoben EigentümerInnen bei 34 Abbruchprojekten eine Beschwerde. Von den eingelangten Beschwerden seien 16 bereits entschieden, wobei acht Beschwerden stattgegeben wurde, vier abgewiesen wurden und ein Verfahren, bei welchem die Beschwerde zurückgezogen wurde, eingestellt wurde. Bei weiteren drei Objekten wurde die Beschwerde zurückgewiesen, da sie nicht vorschriftsgemäß eingereicht wurde (Pressberger, 2018). Allerdings ist die weitere Zukunft der Gebäude dadurch nicht festgelegt, da sowohl von Seiten der Bauherren als auch seitens der Baupolizei eine außerordentliche Revision beim Verwaltungsgerichtshof eingebracht und eine Beschwerde an den Verfassungsgerichtshof gerichtet werden kann. Da es sich um eine neue Materie mit großen finanziellen Auswirkungen handelt, ist es nach Meinung von Frau Hornschall „sehr wahrscheinlich, dass die Fälle der betroffenen Häuser an die Höchstgerichte herangetragen werden" (Pressberger, 2018).

Ein weiteres Beispiel findet sich in der Lindauergasse, wo nach Angaben der Initiative Denkmalschutz eines der schönsten und intaktesten dieser Häuser, bei welchen ein Abbruchstopp verhängt wurde, abgerissen wurde. Markus Landerer von der Initiative Denkmalschutz äußerte aufgrund dessen, dass er die Chancen zum Erhalt der Gründerzeitgebäude für gering halte: „Wenn bei diesem Haus ein Abbruch möglich ist, weiß ich nicht, warum es bei den anderen nicht auch gehen sollte" (Pressberger, 2018).

Außerdem änderte sich durch die Bauordnungsnovelle die Vorgehensweise in Bezug auf die Einholung einer Bestätigung nur für jene Gebäude, die bisher nicht in Schutzzonen und Gebieten mit Bausperren lagen. Hervorzuheben ist allerdings, dass die technische Abbruchreife deutlich verschärft wurde. Aufgrund dessen wird sich zeigen, ob eine Reduktion zu erreichen sein wird.

- Rechtliche Hürden

Aus rechtlicher Sicht ergeben sich verschiedene Bedenken. Neben der bereits erläuterten Frage nach den wirtschaftlichen Gesichtspunkten bei der Erteilung einer Bestätigung der wirtschaftlichen Abbruchreife bei bereits begonnenen Abbrucharbeiten ist unklar, inwiefern die Ausweisung von Schutzzonen einzelner Gebäude (geregelt in § 7 BO für Wien) durch die Änderungen in die Bundeskompetenz des Denkmalschutzes eingreift.

Denkmalschutz erfasst die historischen Bauten als Gesamtes und verfolgt das Ziel, die Substanz dessen, was das kulturelle Erbe ausmacht, zu erhalten (BDA, 2019). Im Allgemeinen sind „Angelegenheiten des Denkmalschutzes [...] als gesamtstaatliche Aufgabe verankert und durch die Kompetenzverteiltung (in Kraft getreten zum 01.10.1925) in Gesetzgebung und Vollziehung in Art 10 Abs. 1 Z 13 B-VG dem Bund zugewiesen" (BDA, 2019). Dem entgegen fällt der Ortsbildschutz in die Kompetenz der Länder. „Ortsbildschutz ist für das äußere Erscheinungsbild von Gebäuden und für Orts- und Stadtbilder zuständig. Dabei geht es (je nach landesspezifischer Regelung) um eine in sich stimmige Gesamterscheinung, in der auch die Gestaltung von Neubauten oder Freiflächen eine wesentliche Rolle" spielt (BDA, 2019). Ursprünglich konnten Schutzzonen nur als in sich geschlossenes Ganzes, demgemäß als Gebiet ausgewiesen werden. Durch das Entfallen der Wortfolge „als in sich geschlossenes Ganzes" wird es ermöglicht, auch einzelne Gebäude als Schutzzone auszuweisen. Inwiefern dies als Ortbildschutz interpretiert werden kann, wenn sich Schutzzonen lediglich auf ein Bauwerk beziehen, wird sich weisen.

Darüber hinaus ist nicht abschließend geklärt, inwiefern die Novelle in die Bundeskompetenz der Wohnungspolitik eingreift. Nach Artikel 11 Abs. 1 Z 3 B-VG fällt das Volkswohnungswesen mit Ausnahme der Förderung des Wohnbaus und der Wohnhaussanierung zwar in die Vollziehung des Landes, die Gesetzgebung obliegt allerdings dem Bund. Eine Parallele wird hier zum Wiener Gesetz vom 30. Juni 1982 über die Einhebung einer Abgabe auf unvermietete Wohnungen, LGBl Nr 23 (kurz: WohnungsabgabeG) gezogen. Dieses wurde vom Verfassungsgerichtshof als verfassungswidrig aufgehoben. Begründet wurde dies in einer Entscheidung des Verfassungsgerichts (G2/85), dass „die getroffenen Maßnahmen – wenn auch in Gestalt einer Abgabe – einen Übergriff auf das Gebiet der Wohnraumbewirtschaftung darstellen. Ein solcher Übergriff ist dem Landesgesetzgeber aber aus denselben Gründen verwehrt, die – nach dem Rechtssatz VfSlg. 3421/1958 – schon jene Maßnahmen verhindert haben, die im Gesetzesentwurf des Jahres 1958 vorgesehen waren.“ Weiter wird ausgeführt: „Die Absicht des Gesetzgebers war von vornherein ausschließlich darauf gerichtet, die Eigentümer von Wohnungen zur Vermietung zu veranlassen. Das Gesetz belegt das bloße Unterlassen des gewünschten und durch andere Maßnahmen nicht ersetzbaren Verhaltens mit einer hohen Abgabe, die den Eigentümer praktisch in den allermeisten Fällen zwingt, sich der Absicht des Gesetzgebers gemäß zu verhalten. [...] Da das ganze Gesetz von einem nach der Kompetenzverteilung nicht berufenen Gesetzgebungsorgan erlassen wurde, ist es zur Gänze als verfassungswidrig aufzuheben“ (VfGH G2/85). Desgleichen könnte demnach die Novelle verfassungswidrig sein.

Des Weiteren wurde von Seiten der EigentümerInnen und der Opposition die kurzfristig vorgezogene Kundmachung der Teil-Bauordnungsnovelle als verfassungswidrig bezeichnet. Nach Art. 6 des Staatsgrundgesetzes (StGG) kann jeder Staatsbürger unter den gesetzlichen Bedingungen jeden Erwerbszweig ausüben. Dabei muss er auf die Rechtssicherung vertrauen können. Die Erwerbsfreiheit wird demnach eingeschränkt, wenn unerwartet massive Eingriffe in die Ausübung getätigt werden. Ob die Erlassung und das rasche Inkrafttreten der Teil-Novelle verfassungswidrig waren, wird sich allenfalls in einem höchstgerichtlichen Erkenntnis zeigen.

6.2 Reaktionen der involvierten Akteure[3]

Wiener Landtag

Regierung (SPÖ/Grüne)

Seitens der Regierung wird das Vorgehen als unbürokratischer, kluger Weg bezeichnet. Grüne-Abgeordneter (Abg.) Chorherr führte dazu in der Wiener Landtagsitzung aus: „*Wenn jemand abbrechen möchte, möge er vorher zur MA 19 gehen und die MA 19 wird in kurzer, aber ernsthafter Prüfung hinterfragen – genau das, was im Gesetz steht –, ob der Erhalt dieses Hauses von öffentlichem Interesse ist, ja oder nein, und wird diese Bestätigung ausstellen. Und dann geht man den ganz normalen Weg, geht zu den zuständigen Magistratsabteilungen und kann es abbrechen oder auch nicht*" (Chorherr, 2018).

Der Vorschlag der Opposition, „*nämlich über 800.000 Häuser – so viele Häuser gibt es in Wien – gesamthaft vorweg zu untersuchen, ob deren Abbruch sinnvoll ist oder nicht*", wird als „*eine besonders bürokratische*" Alternative bezeichnet (Chorherr, 2018). Dem Vorschlag, verstärkt auf die Ausweisung von Schutzzonen zu setzen, wurden folgende Argumente gegengehalten: „*Das Procedere, dass eine Schutzzone kommt,* [ist] *im Zuge einer Flächenwidmung zu erfüllen. Das heißt, das gesamte Procedere hat stattzufinden. Und einmal Schutzzone – immer Schutzzone. Das ist das flexible Instrument, das wir ja heute wählen.* [..., Es ist] *individuell zu fragen: Wie ist der Zustand dieses Hauses jetzt? Es soll abgebrochen werden – ja oder nein, das Flexiblere und Klügere, also nur der Grund, warum die Schutzzone hier nicht die geeignete Maßnahme ist*" (Chorherr, 2018).

[3] Zur besseren Lesbarkeit werden direkt übernommene gesprochene Aussagen aus dem wörtlichen Protokoll der 26. Sitzung vom 28.06.2018 des Wiener Landtages kursiv dargestellt.

Als Begründung für das Einbringen eines Initiativantrags wird das Argument dargelegt, dass „viele Dutzend Häuser" (Chorherr, 2018) bis zum Inkrafttreten im Jänner 2019 abgerissen werden hätten können. Seitens des SPÖ-Abg. Stürzenbecher wird dies darüber hinaus folgendermaßen begründet: „*Das Procedere hier* [ist], *ist auch vollkommen logisch und wie* [...] *im Nationalrat – das habe ich schon im Ausschuss gesagt – schon hunderte Male in den letzten Jahrzehnten geschehen* [...], *wurscht, welche Regierung oder Regierungsform, dass man eher von der Regierung relativ oft die langfristigen, die komplizierteren Sachen mit zuerst interner Begutachtung vorbringt, dann externer Begutachtung und das dann beschließt, und dass man Sachen, die sehr schnell gehen sollen – und heute haben wir so eine – mit Initiativantrag macht. Da gibt es dann auch Abänderungsanträge, und auch das kommt hunderte Mal im Parlamentarismus vor. Das ist keine Schlamperei, sondern das ist einfach die sinnvolle Vorgangsweise, zu der wir uns bekennen*" (Stürzenbecher, 2018). Zugleich wird das vorzeitige Ankündigen im April 2018 mit folgenden Worten gerechtfertigt: „*Natürlich war es aber dann richtig, nachdem sinnvollerweise im Sinn der Transparenz die Eckpunkte der künftigen Novelle vorgestellt worden sind, dass man dann, wenn man ein Problem erkennt, mit dem Initiativantrag dieses löst. Jetzt stellt man sich vor, Michael Ludwig und Christoph Chorherr hätten das nicht der Öffentlichkeit vorgestellt. Wir können ja nicht im geheimen Kämmerlein die Gesetze vorbereiten und sie dann, ohne dass die Öffentlichkeit irgendeine Kenntnis davon hat, hier einbringen und beschließen, bevor irgendein Hauseigentümer davon Kenntnis erlangt. Das ist unmöglich, und da würden Sie uns erst recht kritisieren, und dann vielleicht zu Recht kritisieren, und genau das wollen wir nicht*" (Stürzenbecher, 2018).

Bezüglich der Rechtmäßigkeit der Einstellung von bereits anhängigen Bauführungen und Abbrüchen argumentiert die Stadt, dass dies der Rechtsprechung des Verwaltungsgerichtes Wien folgt. In gleichgelagerten Fällen der (nachträglichen) Festsetzung einer Schutzzone bzw. Bausperre ist nach dessen Ansicht eine Baueinstellung zulässig (VGW 14.09.2017, VGW-111/026/8423/2016).

Zudem verweist die Stadt darauf, dass nach ständiger Rechtsprechung eine Baubewilligung für einen Neubau nicht einen Abbruch eines allfälligen Altbestandes in Schutzzonen oder Gebieten mit Bausperren einbezieht. Folglich ersetzt eine alleinig zum Neubau eingegangene Stellungnahme der MA 19 nicht die notwendige Bestätigung für einen Abbruch (vgl. VwGh 24.02.2015, 2013/05/0121; 19.09.2016, Ra 2016/05/0088-4).

Seitens des Abg. Chorherr ist die Novelle „*ein Gesetz, das Wien grundlegend ändern wird, das dem sozialen und – ich füge es als Grüner noch hinzu – dem ökologischen Wien Rechnung trägt, denn die graue Energie, die man für das Betonieren und Den-Bauschutt-Wegräumen braucht, wird total unterschätzt. Es wird auch dem Rechnung getragen, dass Renovieren, Sanieren nicht nur ästhetisch einen Vorteil hat, sondern auch ökologisch*“ (Chorherr, 2018).

Es wird seitens der Regierung davon ausgegangen, dass „*allein durch dieses Gesetz* [...] *die Anträge auf Abbrüche signifikant zurückgehen*“ werden (Chorherr, 2018). „*In der Rechnung vieler Hauseigentümer wird stehen: Na, dann überlegen wir uns gleich eine Sanierung. Das ist gut für die Stadt, gut für die Mieten. Wir können vielleicht mit Dachausbauten auch Wirtschaftlichkeit sicherstellen, trotzdem werden Häuser abgebrochen. Wir werden das beobachten*“ (Chorherr, 2018).

Opposition

Als Grundproblem ist der fehlende Kontext der Novelle zu identifizieren (Olischar/ Kandlhofer 2019). Da das Ziel der Maßnahmen nicht deutlich dargelegt wurde, können diese keiner Bewertung unterzogen werden. Primäre Kritik ist, dass durch die Novelle eine weitere Einzelmaßnahme gesetzt wurde, ohne eine gesamtheitliche Strategie zum Umgang mit dem Bestand in Wien zu definieren (Olischar/ Kandlhofer 2019). Dies wäre jedoch unerlässlich, um wirksame Maßnahmen zu setzen.

Einzuwenden ist darüber hinaus, dass seitens der Regierung zunächst EigentümerInnen in die Pflicht genommen werden, anstatt den Aufgaben der öffentlichen Hand selbst nachzukommen. Verwiesen wird auf eine Studie der Arbeiterkammer Wien (Leistbaren Wohnraum schaffen – Stadt weiter bauen) aus dem Jahr 2018, die nach Ansicht von WohnrechtsexpertInnen eine theoretische Nachverdichtung von 130.000 Gemeindewohnungen in Objekten von „Wiener Wohnen" errechnet (Olischar/ Kandlhofer 2019).

Generell werden die Neuerungen der Novelle aus Sicht der Opposition als *„bürgerunfreundlich, wenn nicht gar schikanös"* (Gara, 2018) bezeichnet. NEOS-Abgeordnete Gara (2018) führte dazu aus: *„Letztendlich ist das jetzt eine Bringschuld des Eigentümers, bei der MA 19 eine Bestätigung zu erwirken.* [...] *In einer seriösen Verwaltung* [hätte das] *Magistrat die schutzwürdigen Gebäude und Objekte* [...] *rechtzeitig früh auch in einem Kataster festlegen können, sagen können, die und die Gebäude sind uns wichtig."*

Ebenso wird die formlose Bestätigung seitens der MA 19 beanstandet. *„So etwas gibt es eigentlich in keinem anderen Landesgesetz. Diese Art der formlosen Zustimmung öffnet natürlich viele Türen und Möglichkeiten. Das wollen wir nicht, das ist uns zu intransparent"* (Gara, 2018).

Rechtlich kritisch wird des Weiteren die Umsetzung der Regelungen in der Praxis betrachtet, *„denn bei § 7 greift man möglicherweise in die Bundeskompetenz des Denkmalschutzes ein. Das heißt, die ersten Eigentümer, denen der Abbruch verwehrt wird, werden sich bald an den Verfassungsgerichtshof wenden*" (Gara, 2018). Außerdem wird die Festlegung des Stichtages der bewilligungspflichtigen Gebäude mit 01.01.1945 als willkürlich angesehen. *„Es gibt auch Gebäude nach diesem Stichtag 01.01.45, die möglicherweise auch schützenswert sind, und ob der Erhalt eines Gebäudes im öffentlichen Interesse ist, kann eigentlich nicht nur vom Baujahr abhängen. Natürlich liegt dem Ganzen das Mietrecht zu Grunde, das alleine kann aber das öffentliche Interesse des Stadtbildes nicht rechtfertigen*" (Gara, 2018).

Überdies wird von FPÖ-Abgeordneten Pawkowicz aufgeworfen, die Regierung hätte *„erwähnt, dass vielfach Gebäude wegen des Mieterschutzes abgerissen werden, damit eben dieser strenge Mieterschutz nicht mehr gilt, und hat dann beschrieben, dass es auch innerhalb des Gürtels zu deutlich vermehrten Abbrüchen kommt. Da ist aber jetzt Schutzzone. Das heißt, obwohl es jetzt bereits Schutzzone innerhalb des Gürtels gibt, also ein besonders schützenswertes Ensemble, kommt es dort zu Abbrüchen. Und dieser Teil des Gesetzes ändert sich nicht*" (Pawkowicz, 2018).

Ein weiteres Problem ergibt sich nach Meinung der Opposition durch die fehlende zeitliche Gültigkeit der Bestätigung der MA 19. Nach Aussage des FPÖ-Abgeordneten Pawkowicz *„gibt es* [das] *teilweise jetzt schon in Schutzzonen, dass dann nämlich der windige Spekulant kommt, sich sozusagen vom Magistrat den Freibrief holt, nicht abreißt, sondern stattdessen mit dieser Abbruchsanzeige, bis jetzt mit dem Bescheid, in Zukunft dann mit einer Abbruchsanzeige, durchs Haus rennt, die Mieter narrisch macht und denen klarmacht: Am besten geht ihr jetzt freiwillig alle raus, denn ich habe da eine Abbruchsanzeige. Da ist auch der*

Stempel von der MA 19 drauf, dass das ohnehin nicht schützenswert ist, und der Stempel von der MA 37 ist auch drauf, die bestätigt, dass wir es abgegeben haben, und solcher Art die Mieter hinausekelt, weil es keine Bestimmung gibt, die einer Bauanzeige irgendeine zeitliche Befristung hinterlegt. Das Ganze kann er unbefristet machen, er kann es in die Schublade legen und in vier Jahren rausholen und sagen: Vor vier Jahren habe ich die Anzeige gemacht.“ (Pawkowicz, 2018). Um dem entgegenzuwirken, wird vorgeschlagen, in *„§ 62a als letzten Satz, dort, wo es um den Abbruch geht, noch einen Satz hinzunehmen, der de facto vom § 124 der Bauordnung abgeschrieben ist. Dort gibt es in einem ähnlichen Zusammenhang eine Befristungsbestimmung, und die würde dann lauten: Wird mit dem Abbruch nicht innerhalb von sechs Monaten nach erfolgter Anzeige begonnen, gilt diese als nicht erstattet*“ (Pawkowicz, 2018).

Außerdem wurde seitens Katharina Mayr, Sprecherin der Bezirksvorstehung Josefstadt ÖVP, angemerkt, *„dass es für ein Haus, das in der Schutzzone liegt, also einem Viertel, das von der Stadt Wien als erhaltenswert erachtet wird, die rechtliche Möglichkeit [geben muss], den Eigentümer dazu zu bringen, dass er es saniert*“ (Rieger, 2016).

EigentümerInnen

Von Seiten der EigentümerInnen ist keine Zustimmung für die Novelle gegeben. Ihrer Meinung nach wurden mit der Teil-Novelle *„gleich mehrere Ziele und Schwerpunkte der Novelle konterkariert. Denn, entgegen der Ankündigung, dass mit der Bauordnungsnovelle eine Verfahrensvereinfachung und -beschleunigung erreicht werden soll, werden nun erst recht weitere Verfahrensschritte eingeführt, die zu mehr Aufwand und Kosten führen und sich auch im Kaufpreis oder im Mietzins erhöhend auswirken werden. Alleine dass die MA 19 einen möglichen Erhalt zu begutachten und zu begründen hat, wird viel Zeit in Anspruch nehmen, durch etwaige Beeinspruchungen beim Landesverwaltungsgericht ist mit langer Verfahrensdauer zu rechnen*“ (Holzapfel, 2018).

Außerdem wurde im Speziellen hervorgehoben, dass *„einmal mehr* [...] *auf Kosten der Immobilienwirtschaft die Rechtssicherheit untergraben* [wird], *denn auch schon begonnene Abbruchvorhaben können* [gestoppt werden] *und wurden auch gestoppt. So werden bereits lange vorbereitete Projekte von Investoren, die den in Wien dringend nötigen Wohnungsbedarf schaffen, vereitelt oder verkompliziert. Geschweige denn, dass neue Investoren damit angelockt werden. Dem Wirtschaftsstandort Wien wurde damit ein Bärendienst erwiesen*“ (Holzapfel, 2018).

Vertretende der EigentümerInnen

Herr Kaspar Erath, Obmann des Vereins zur Revitalisierung und architektonischen Aufwertung der Wiener Gründerzeithäuser, erzählt dazu im Interview: *„Für die ca. 15.000 privaten Gründerzeithäuser ist die Situation nicht besser geworden. Die Gentrifizierung wird voranschreiten. Alte Eigentümer können sich die grundlegende Sanierung nicht leisten, da der Wiener Richtwert mit 5,58 Euro pro m² Nettomiete dies eindeutig* *verhindert. Die Häuser verfallen Jahr für Jahr mehr oder die Alteigentümer verkaufen nach und nach die Häuser an Investoren, die nahezu überwiegend Ausmietungen vornehmen, die Häuser parifizieren und die Einheiten verkaufen. Wer nicht verkaufen will oder kann, wird nur krasse Mängel reparieren und die Kundschaft dem Zustand des Hauses anpassen. Für einen Dachausbau fehlt vielen Alteigentümern das ‚Know-how', aber auch eine positive wirtschaftliche Gesamtperspektive. Sehr oft müssen nämlich riesige Investitionen (Erdbebenschutz, Barrierefreiheit, Aufzug, Steigleitungen, Fassadenerneuerung etc.) gemacht werden, die mit den niedrigen Erträgen in den Stockwerken (Wiener Richtwert) zu keiner positiven Gesamtbilanz führen*" (Erath 2019).

Seiner Meinung nach hat die Novelle „*lediglich eine ‚Blendwirkung' bei der Bevölkerung bewirkt, eine Hilfe war sie aus Sicht der Praxis nicht. Wir haben in Wien tausende Gründerzeithäuser in einem schlechten Zustand. Vergleichen Sie es mit einem Zahnwehpatienten. Man lässt lediglich eine Plombierung zu, in Wirklichkeit bräuchten wir (die Gründerzeithäuser) eine Wurzelbehandlung oder gar eine Entfernung des Zahnes. Sehr viele ehemals schöne Altbauten würden eine ‚Wurzelbehandlung' benötigen*" (Erath 2019).

Bereits im Jahr 2015 forderte die Initiative Denkmalschutz die Umsetzung eines 5-Punkte-Plans:

1. Überprüfung der Schutzwürdigkeit für Häuser außerhalb von Schutzzonen
2. Nachhaltiger Schutz in Schutzzonen (unter Beteiligung der Öffentlichkeit)
3. Erweiterung der Schutzzonen nach dem MA-19-Plan aus 1996
4. Beendigung der Ungleichbehandlung Alt- und Neumieten
5. Viel stärkeres Augenmerk auf bestandsgenaue Widmungen im Rahmen des Flächenwidmungs- und Bebauungsplanes

Im März 2018 wurde eine Petition unter dem Titel „Stadtbild-Erhaltung Wien“ vom Verein zur Revitalisierung und architektonischen Aufwertung der Wiener Gründerzeithäuser und der Initiative Denkmalschutz gestartet. Darin wird angeführt, dass Verfall und Abriss von Gebäuden der Gründerzeit primär ihre Ursache in den Mietbeschränkungen haben. Umfassende Renovierungen werden aus wirtschaftlicher Sicht schwer bis zu nahezu unmöglich. „Gründerzeithäuser z. B. mit aufwändigem Fassadendekor sind mietrechtlich gedeckelt, während bei Neubauten ab 1945 nahezu unbegrenzte Mieten verlangt werden können. Unzählige historisch wertvolle Gebäude verfallen daher, werden verkauft oder abgerissen und verschwinden so aus dem vertrauten Stadtbild“ (Petition Stadtbild-Erhaltung Wien, 2018).

Weiters wird ausgeführt, dass Schutzmaßnahmen der Stadt Wien gegen Abriss und Verfall (Wiener Altstadterhaltungsfonds und Schutzzonen) zu wenig Wirkung zeigen. Das zur Verfügung stehende Budget wurde zudem in den vergangenen 20 Jahren deutlich gekürzt – von 6,66 Mio. € (91,58 Mio. Schilling Altstadtsanierung) im Jahr 1998 auf 2,26 Mio. € im Jahr 2016 (Petition Stadtbild-Erhaltung Wien, 2018).

Aufgrund des geringen Jahresbudgets und der fehlenden maßgeblichen Anreize ist eine nachhaltige Stadtbilderhaltung nicht denkbar. „Die Schutzzonenauflagen (u. a. Erhaltung der Kastenfenster) sind daher ein einseitiges Verlangen der Stadtverwaltung, hier fehlt schlicht die finanzielle Unterstützung für die aufwändigen denkmalpflegerischen und stadtbilderhaltenden Mehrkosten. [...] Die Dotationen für Schutzzonen können der Aufgabenstellung ‚Stadtbilderhaltung‘ weder qualitativ noch quantitativ gerecht werden“ (Petition Stadtbild-Erhaltung Wien, 2018).

UnterstützerInnen der Petition traten daher für folgende Forderung des Vereins zur Revitalisierung und architektonischen Aufwertung der Wiener Gründerzeithäuser, des Unterstützungskomitee zur Stadtbilderhaltung Wien sowie der Initiative Denkmalschutz ein: Einerseits wird eine großzügige Erweiterung der Schutzzonenbereich über Flächenwidmungs- und Bebauungspläne gemäß § 7 BO für Wien verlangt, andererseits ist eine aufgabengerechte Aufstockung des Wiener Altstadterhaltungsfonds zu beschließen.

Die Petition wurde 2018 erfolgreich mit mehr als den benötigten 500 Unterschriften abgeschlossen. Im Jänner 2019 fand eine Anhörung des Anliegens im Gemeinderatsausschuss für Petitionen statt. Darin wurde seitens des Vereins vorgebracht, dass die Stadt Wien die Ertragsbasis durch eine Anhebung des Wiener Richtwertes für beispielsweise die ca. 9000 Häuser in Wiener Schutzzonen verbessern könnte. Die Festlegung des Richtwertes sei „Ländersache, ein Schreiben der LR an den Justizminister würde genügen" (Erath, 2019). Ebenso wurde speziell darauf hingewiesen, „dass nach der derzeitigen Rechtslage die Häuser in der Schutzzone gegenüber den Häusern außerhalb der Schutzzone (gleiches Entgelt) einer Diskriminierung ausgesetzt sind" (Erath, 2019).

Zum „Diskriminierungstatbestand" des Wiener Richtwertes wurde bereits 2016 beim VfGH eine Beschwerde eingebracht. Der Wiener Richtwert (5,58 Euro) wird dabei als Diskriminierung der Wiener Zinshausbesitzer gegenüber den Zinshausbesitzern in Graz und der ganzen Steiermark betrachtet. „In der Steiermark liegt der Richtwert bei 7,70 Euro, obwohl bei den Bau- und Personalkosten im Wesentlichen kein Unterschied besteht. Bei den Grundkosten liegt Wien eindeutig höher, so dass allein schon aufgrund der hohen Grundkosten Wien einen höheren Richtwert haben sollte. Der Richtwert eines jeden Bundeslandes befindet sich im Richtwertgesetz und dieses korrespondiert mit dem MRG. Beides sind Bundesgesetze und wurden daher in letzter Konsequenz vom NR beschlossen und vom BP als verfassungskonform gegengezeichnet" (Erath, 2018). Wegen Verdacht auf eine Verfassungswidrigkeit wurde eine Beschwerde an den VfGH erhoben. Diese wurde abgewiesen. „Der ‚Diskriminierungstatbestand' zum Wiener Richtwert wurde vom VfGH aus formellen Gründen zurückgewiesen, hier kommt es in den nächsten Monaten zu einer Beschwerdewiederholung“ (Erath, 2018). Seit Jänner 2018 liegt der Fall außerdem beim Europäischen Gerichtshof für Menschenrechte (EGMR).

Weiters werden seitens der EigentümerInnen von Gründerzeithäusern generell diverse rechtliche Unsicherheiten beanstandet. Dazu zählen „nicht nachvollziehbare OGH-Erkenntnisse zum Lagezuschlag beim Richtwert, eine darauf aufbauende, politisch instrumentalisierte neue Lagezuschlagskarte der Stadt Wien, fehlende Kriterien für die Frage der Erhaltungswürdigkeit und Abrissverbot von Gebäuden vor 1945 in Wien“ (Senk, 2019). Durch die ständigen rechtlichen Eingriffe werden der Betrieb und die Instandhaltung eines Gebäudes der Gründerzeit stetig aufwendiger und zugleich weniger planbar (Senk, 2019).

Des Weiteren „wirken sich solche Maßnahmen oft auf den Wiederverkaufswert einer Liegenschaft aus und sind damit ein Eingriff in die wirtschaftliche Substanz“ (Prunbauer, 2018).
Insbesondere die Bauordnungsnovelle (LGBl Nr 37/218) ist als solch ein rückwirkender Eingriff zu sehen. So war der Verkehrswert einer Liegenschaft vor dem 30.6.2018 höher als gegenwärtig. Projekte, die zuvor gekauft wurden mit der Intension einen Neubau zu errichten, können herbe finanzielle Probleme mit sich bringen. Darüber hinaus kann diese „Entscheidung, die vorgezogen wird und sehr schnell in Kraft tritt, [...] durchaus für den einen oder anderen kleineren Player existenzbedrohend werden“ (Otto Immobilien, 2018, S. 19).

Rechtliche Unsicherheiten ergeben sich auch durch fehlende rechtliche Möglichkeiten bezüglich der Bestätigung der MA 19, der schwammigen Gesetzesformulierungen und der unregulierten Option der Förderung des Deckungsfehlbetrags bei wirtschaftlicher Abbruchreife.

MieterInnenvertretung

Vertretende der MieterInnen stehen der Teilnovelle positiv gegenüber, denn die Regelungen zur Abbruchreife stammen aus den 1990er-Jahren. Seither haben sich die Anforderungen und die Ausgangslage deutlich geändert, weshalb eine Überarbeitung längst erforderlich war (Rosifka/Pichler, 2019).

Ihrer Meinung nach musste sie „vorgezogen werden, weil Spekulanten noch vor Inkrafttreten der neuen Bauordnung dutzende weitere Abbrüche von Gründerzeithäusern beauftragten und dabei auch vor Abbrucharbeiten an bewohnten Gebäuden nicht zurückschreckten – ein Beispiel dafür ist das Gründerzeithaus in der Radetzkystraße, wo die Mietervereinigung nun für die Mieter vor Gericht gezogen ist" (Mietervereinigung Wien, 2018).

Mag. Elke Hanel-Torsch, Vorsitzende der Landesorganisation der Mietervereinigung Wien, erklärt diesbezüglich, es finde sich nun in der erst im November erlassenen Bauordnung LGBl Nr 69/2018 die Auflage, dass mit einem Abbruch erst begonnen werden darf, wenn das Gebäude unbewohnt ist (§ 72 Abs. 2 BO für Wien). Ihrer Meinung nach erschwert dies den „Spekulanten, die Häuser absichtlich verfallen und anschließend abreißen zu lassen, um an der Stelle neue Mietskasernen zu errichten, die keiner Mietzinsbeschränkung mehr unterliegen. In Altbauten stehen Mieter unter dem Schutz des Mietrechtsgesetzes, das den Mietzins begrenzt. Diese Begrenzung ist wichtig, um leistbare Wohnungen in der Stadt zu halten" (Mietervereinigung Wien, 2018).

Unwirksam blieb die Novelle bezüglich der beliebten informellen Maßnahmen der Kappung der Ver- und Entsorgungsleitungen (gegen die rechtlich nur schwer vorgegangen werden kann), damit Gebäude der Gründerzeit bestandsfrei werden. „Auch Instandhaltungs- oder Sanierungsarbeiten am Haus können durch den Vermieter verschleppt werden, um die Bewohnbarkeit zu beeinträchtigen. [...] Eigene Firmen spezialisieren sich unter Schlagwörtern wie ‚Immobilienoptimierung' mittlerweile auf die Ausmietung von Zinshäusern. Im Durchschnitt wird von 2–3 Jahren ausgegangen, um ein Objekt bestandsfrei zu bekommen, wobei es bei Objekten mit geringerem Standard in der Regel etwas einfacher ist" (Gruber et al., 2018, S. 77). Als Sanktionsmöglichkeit können Mietende zwar Mietzinsminderung verlangen oder ein gerichtliches Verfahren einleiten, jedoch ist dies mit einem großen Aufwand verbunden.

Gerechtfertigt ist die Novelle zudem nach Meinung der Interessenvertretung der Mietenden aufgrund der geänderten Situation. Das Gut „Wohnen" wird nicht mehr ausschließlich als grundlegendes Bedürfnis gesehen, sondern zunehmend als Wertanlage. Eine Studie von Anfang 2018 führt diesbezüglich aus: „Wenn in Wien von guten, zentrumsnahen Lagen die Rede ist, so werden zunächst meist gründerzeitlich geprägte Gebiete ins Treffen geführt. 2013 stellte die Studie ‚Wien wächst auch nach innen – Wachstumspotentiale gründerzeitlicher Stadtquartiere' fest, dass diese Gebiete entlang des Süd- und Westgürtels zwischen 2001 und 2011 um mehr als 48.000 EinwohnerInnen gewachsen sind. In den Bezirken 1–9 kam es zu einem Wachstum von 20.000 Einwohnern. Dies entspricht in etwa den Entwicklungsprognosen der Stadtentwicklung. Innerstädtischer, gut erschlossener Baugrund ist und wird immer knapper. Dies steigert die Grundstückspreise und reduziert den Spielraum für den geförderten Wohnbau" (Gruber et al., 2018, S. 66). Daher ist es unabdingbar, der öffentlichen Hand verstärkt die Möglichkeit zum Eingreifen einzuräumen und folglich die Sozialpflichtigkeit des Eigentums wiederum verstärkt in den Fokus zu rücken (Rosifka/ Pichler, 2019).

Exkurs: Mietrechtsgesetz

Allgemein fordert die Mietervereinigung seit Langem, den Anwendungsbereich des Mietrechtsgesetzes auf alle Mietverhältnisse auszudehnen (Mietervereinigung Wien, 2018). Seitens der Arbeiterkammer vertritt man die Ansicht, dass „das im Mietrechtsgesetz enthaltene Richtwertsystem [...] in der Praxis kaum eine taugliche, mietenbegrenzende Wirkung" hat (Trockner, 2017, S. 18).

Begründet wird dies unter anderem durch den Lagezuschlag, durch welchen „die Auswüchse des Marktes voll [durchschlagen]. Bei bereits seit Jahrzehnten ausfinanzierten Häusern dürfen die aktuellen Preisentwicklungen von unbebauten Grundstücken einfließen! Aber auch dort, wo es ohne Lagezuschlag funktionieren könnte, hat das System eklatante Schwächen: Das Mietrechtsgesetz zählt die Merkmale, die bei der Richtwertmietzinsberechnung werterhöhend oder wertvermindernd sein können, nur ungenau auf. Auch die mögliche Höhe der Zuschläge und Abstriche ist im Gesetz nicht festgelegt" (Rosifka, 2014, S. 15).

Als Beispiel wird ein Fall dargelegt, bei welchem drei verschiedene Gerichte zu drei unterschiedlichen gesetzmäßigen Hauptmietzinsen kamen. So war für eine 82 m² große Kategorie-A-Wohnung in Wien ein Hauptmietzins von 604,64 € vereinbart. Das Erstgericht berechnete einen höchstzulässigen Hauptmietzins von 459,80 €, während die 2. Instanz 547,52 € und der Oberste Gerichtshof 481,09 € feststellten (Rosifka, 2014, S. 17).

Neben der Problematik der Feststellung der Höhe des Mietzinses werden oftmals Mietgegenstände, die dem Richtwert unterliegen, gesetzeswidrig deutlich höher vermietet. Der unrechtmäßige Aufschlag lag bei unbefristeten Mietverhältnissen bei 18 %. Befristete Mietverträge sind mit einem Aufschlag von 32 % noch stärker betroffen (Trockner, 2015, S. 6f). Dabei werden zwei von drei neuen Richtwertmietverträgen im privaten Segment lediglich befristet abgeschlossen (Trockner, 2017, S. 18).

Eine Reform des Mietrechtsgesetzes wird auch von der Akteursgruppe der MieterInnen gefordert. Neben der Vereinheitlichung der unterschiedlichen Anwendungsbereiche des MRG, um eine verständlichere und anwenderfreundlichere Rechtslage zu schaffen, soll die Möglichkeit der befristeten Vermietung auf gut begründete Ausnahmefälle – etwa absehbarer Eigenbedarf von Wohnungseigentümerlnnen – beschränkt werden (Trockner, 2017, S. 18f). Um Anreize für Neubautätigkeiten zu gewährleisten, wird eine zulässige freie Mietzinsvereinbarung für einen Zeitraum von beispielsweise 30 Jahren vorgeschlagen. Dagegen werden bei älteren Wohnungen die Mieten ausgehend von einem bundesweit einheitlichen Richtwert in der Höhe von 6 Euro pro Quadratmeter sowie anhand eines gesetzlich festgeschriebenen Katalogs von Zu- und Abschlägen begrenzt (Trockner, 2017, S. 19). Des Weiteren müssen die Zuschläge „gesetzlich der Art und Höhe nach klar festgelegt und begrenzt werden. Der höchstzulässige Mietzins netto soll nicht mehr als 20 % des Richtwertes betragen dürfen" (Rosifka, 2014, S. 30). Darüber hinaus gilt es den Lagezuschlag aus dem Gesetz zunehmen. „Die Art der Zuschläge muss auf bauliche[n] Merkmale[n] des Hauses und der Wohnung basieren. Zuschläge für Investitionen der öffentlichen Hand, zum Beispiel U-Bahn oder Schulen, dürfen nicht zu Mietsteigerungen führen" (Rosifka, 2014, S.31).

Ebenso werden wirksame Sanktionen bei einem Gesetzesverstoß und die Anwendung strafrechtlicher Vorschriften gefordert. Aktuell haben Vermietende nicht mit strafrechtlichen Konsequenzen zu rechnen. So sollten beispielsweise gesetzwidrig überhöhte Mieten und Betriebskosten in doppelter Höhe zurückgezahlt werden müssen. Auch müssen ein immaterieller Schadenersatz und Geldstrafen ermöglicht werden, „wenn Mieter in schikanöser Weise belästigt/beeinträchtigt werden" (Rosifka, 2014, S. 32).

7. Regelungen zum Schutz der gründerzeitlichen Gebäude in den Bundesländern[4]

Ein Vergleich der Situation der Gründerzeitbauten in Wien mit anderen Bundesländern ist aufgrund mehrerer Faktoren nur beschränkt möglich. Einerseits wurde in Wien als Haupt- und Residenzstadt des Kaiserreichs Österreich-Ungarn, wie eingangs beschrieben, besonders viel Wohnraum in dieser Zeitspanne geschaffen. Gleichzeitig ist in Wien der Anteil des Mietsektors gemessen an allen Hauptwohnsitzwohnungen im österreichweiten Vergleich sehr hoch. Somit ergibt sich für Wien eine gesonderte Situation im vom Vollanwendungsbereich des Mietrechts regulierten Markt. Andererseits ist der Richtwertmietzins in Wien am zweitniedrigsten, während in Städten wie Graz, Innsbruck oder Salzburg der Richtwert der Bundesländer deutlich höher ist (Wien: 5,81 €, Tirol: 7,09 €, Steiermark: 8,02 €, Salzburg: 8,03 €).

Dennoch lohnt sich ein Blick auf die verschiedenen Regulative, um Anregungen und Lösungsvorschläge zu entwickeln.

Während in den Bundesländern Burgenland, Kärnten, Oberösterreich und Vorarlberg – abgesehen von dem in allen Bundesländern verankerten Ortsbild- und Landschaftsschutz – keine Regelungen zum Erhalt von vor 1945 errichteten Gebäuden getroffen werden, sind in Salzburg zahlreiche Bestimmungen vorzufinden.

[4] Zur besseren Lesbarkeit werden direkt zitierte Gesetzesausschnitte kursiv dargestellt.

Salzburg

Rechtliche Regelungen zum Erhalt beziehungsweise Abbruch von Gebäuden der Gründerzeit finden sich im Salzburger Raumordnungsgesetz 2009, im Salzburger Ortsbildschutzgesetz 1999 und im Salzburger Altstadterhaltungsgesetz 1980.

Im Gesetz vom 17. Dezember 2008 über die Raumordnung im Land Salzburg (Salzburger Raumordnungsgesetz 2009 – ROG 2009), StF: LGBl Nr 30/2009, idF LGBl Nr 82/2018, folgend ROG 2009, werden allgemein unter § 59 Erhaltungs- und Abbruchgebote festgelegt.

§ 59 Abs. 1 ROG 2009 führt dazu aus: „*Für Bauten, die für das charakteristische Gepräge des Orts- oder Stadtbildes sowie für das Orts- oder Stadtgefüge von besonderer Bedeutung sind (charakteristische Bauten), können Erhaltungsgebote festgelegt werden. Dies gilt nicht im Schutzgebiet nach dem Salzburger Altstadterhaltungsgesetz 1980 oder in den Ortsbildschutzgebieten nach dem Salzburger Ortsbildschutzgesetz.*"

Weiter wird diesbezüglich in § 59 Abs. 2 ROG 2009 ausgeführt: „*Für Bauten, für die ein Erhaltungsgebot gemäß Abs. 1 gilt, darf der Abbruch nicht bewilligt werden, wenn deren Instandhaltung allgemein wirtschaftlich vertretbar erscheint. Nicht unter das Verbot fällt ein Abbruch solcher Bauten aus Gründen der Einsturzgefahr oder dann, wenn die Behebung der Baufälligkeit technisch unmöglich ist. Ob die Instandhaltung allgemein wirtschaftlich vertretbar erscheint und ob einer der genannten Gründe für einen Abbruch vorliegt, hat die Gemeindevertretung innerhalb von längstens sechs Monaten nach vollständiger Einbringung des Ansuchens um Abbruchbewilligung festzustellen. Im Ansuchen um die Abbruchbewilligung sind der* [Grund] *oder die Gründe dafür geltend zu machen und unter Vorlage von Unterlagen für deren Glaubhaftmachung besonders zu begründen. Nach Ablaufen der Frist kann die Abbruchbewilligung von der Baubehörde aus dem Grund des ersten*

Satzes nicht mehr versagt werden. Wird ein nach dem ersten Satz dieses Absatzes ergehender Bescheid auf Grund einer dagegen eingebrachten Vorstellung oder in der Stadt Salzburg einer Beschwerde vor den Gerichtshöfen des öffentlichen Rechts aufgehoben, beginnt mit der Zustellung des betreffenden Bescheides die sechsmonatige Frist neu zu laufen. Die Gemeindevertretung hat über Antrag Ausnahmen vom Verbot des ersten Satzes durch Bescheid zu bewilligen, wenn der Abbruch des Baues im Hinblick auf die zukünftige Verwendung und Gestaltung des Bauplatzes im besonderen öffentlichen Interesse gelegen ist.“

Im Salzburger Ortsbildschutzgesetz 1999 (OSchG), StF: LGBL Nr 74/1999, idF LGBl Nr 107/2013, folgend OSchG, wird als Aufgabe unter § 2 definiert, Gemeinden seien dazu *„verpflichtet, das Ortsbild nach Kräften zu pflegen und es in seinem erhaltungswürdigen, für die örtliche Bautradition charakteristischen Gepräge zu bewahren. Dies gilt für sie insbesondere auch in ihrer Eigenschaft als Träger von Privatrechten.*“

Darüber hinaus wird in § 12 Abs. 1 (Schutz der Bauten) ausgeführt: *„Im Ortsbildschutzgebiet haben die Eigentümer von Bauten diese in ihrer äußeren Gestalt und ihrem Ansehen, wozu jedenfalls auch Dachformen, Durchhäuser und Höfe gehören, zu erhalten, soweit dies technisch möglich und wirtschaftlich zumutbar ist. In dem Umfang, in dem es für die Erhaltung der äußeren Gestalt und des Ansehens eines Baues erforderlich ist, erstreckt sich diese Erhaltungspflicht auch auf nicht in Erscheinung tretende Bauteile. Im Gebäudeinneren dürfen nur solche baulichen Änderungen vorgenommen werden, die das Zusammenwirken und die Entsprechung der äußeren Gestalt des Baues mit seiner wesentlichen inneren Gliederung und den baulichen Innenanlagen (Vorhäuser, Stiegenhäuser, Stiegen, Gewölbe sowie sonstige Bau- und bauliche Schmuckelemente udgl) sowie den im Gebäudeinneren gegebenen Ausdruck der Salzburger Bautradition nicht beeinträchtigen.*

In diesem Umfang erstreckt sich die Erhaltungsverpflichtung nach diesem Absatz auch auf das Innere des Baues."

Während im Ortsbildschutzgesetz die Stadt Salzburg ausgenommen ist, fokussiert das Salzburger Altstadterhaltungsgesetz 1980, StF: LGBl Nr 50/1980, folgend AstEG, auf diese. „Das Salzburger Altstadterhaltungsgesetz war das erste Gesetz seiner Art in Österreich und beispielgebend: Es folgte Wien mit der Altstadterhaltungsnovelle zur Bauordnung, die Steiermark mit dem Grazer Altstadterhaltungsgesetz, die Länder Salzburg, Tirol, Steiermark, Kärnten und Oberösterreich mit Ortsbildschutzgesetzen" (Stadt Salzburg, Referat Altstadterhaltung, 2019).

Seit 1967 regelt neben den übrigen Rechtsvorschriften das eigene Landesgesetz als „lex spezialis" mit Bestimmungen und rechtlichen Vorschriften das Baugeschehen in der Salzburger Altstadt (Stadt Salzburg, Referat Altstadterhaltung, 2019). Mit der Novellierung 1980 wurden unter anderem die Ausweitung des Schutzes auf das Gebäudeinnere, der Förderung der Wohnnutzung (Umwidmungsverbot) und der Einbeziehung der Freiflächen sowie im Jahr 1995 die Ausweitung des Schutzgebietes auf die dem mittelalterlichen Stadtkern angrenzenden Gründerzeitgebiete (Schutzzone II) festgelegt (Stadt Salzburg, Referat Altstadterhaltung, 2019).

Wie § 1 Abs. 2 AstEG darlegt, ist neben der Altstadt von Salzburg das durch die Bebauung aus der zweiten Hälfte des 19. Jahrhunderts (Gründerzeit) und aus den ersten drei Jahrzehnten des 20. Jahrhunderts charakterisierte Gebiet historisch bedeutsam und erhaltenswürdig. Das Schutzgebiet gliedert sich dabei wie rechtsstehend dargestellt *„in die im § 1 Abs. 1*

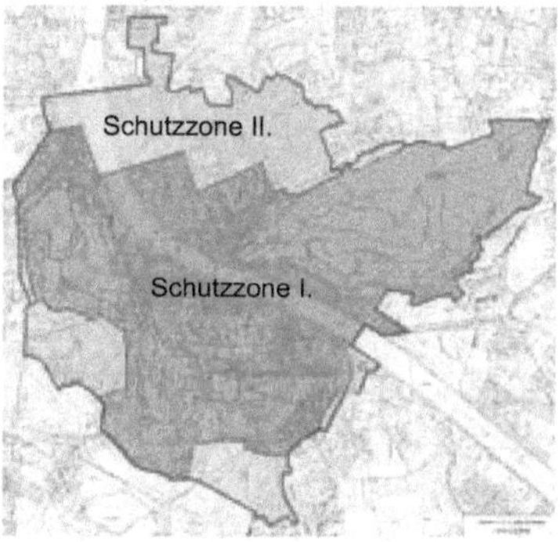

Abbildung 36: Schutzzonen der Stadt Salzburg. Quelle: Stadt Salzburg, Referat Altstadterhaltung.

beschriebene Altstadt (Schutzzone I) und die im § 1 Abs. 2 beschriebenen Gründerzeitgebiete (Schutzzone II)" (§ 2 Abs. 1 AstEG). Insgesamt umfassen die Schutzzonen etwa 1500 Gebäude, wobei sich mit Stand Juli 2017 918 Gebäude in Schutzzone I und 589 in Schutzzone II befinden (Irnleitner 2019).

Zur Erhaltung dieser Gebäude wird unter § 3 Abs. 1 AstEG vorgeschrieben, die LiegenschaftseigentümerInnen hätten im Schutzgebiet *„die Bauten, die für das charakteristische Gepräge des Stadtbildes oder das Stadtgefüge von Bedeutung sind (charakteristische Bauten), in ihrer äußeren Gestalt zu erhalten. Insbesondere ist, soweit dies allgemein wirtschaftlich vertretbar erscheint, der Abbruch solcher Bauten aus anderen als aus Gründen der Einsturzgefahr oder der technischen Unmöglichkeit der Behebung der Baufälligkeit unzulässig."*

Darüber hinaus besagt § 3 Abs. 4 AstEG: *„Ob ein Bau für das charakteristische Gepräge des Stadtbildes oder das Stadtgefüge von Bedeutung ist (Abs. 1), hat die Baubehörde für sämtliche im Schutzgebiet gelegenen Bauten von Amts wegen durch Bescheid festzustellen. Liegt für einen Bau, der Gegenstand eines baubehördlichen Verfahrens ist, eine Feststellung, ob er ein charakteristischer Bau ist, noch nicht vor, so ist sie vor Durchführung dieses Verfahrens zu treffen. Bei Vorliegen wissenschaftlicher Forschungsergebnisse kann von Amts wegen ein neuerliches Verfahren zum Zweck der Feststellung als charakteristischer Bau durchgeführt werden."*

Besondere bauliche Vorschriften für charakteristische Bauten werden in § 4 AstEG, definiert. Abs. 1: *Bauliche Änderungen im Gebäudeinneren, die geeignet sind, Auswirkungen im Sinne des § 3 Abs. 3 zu haben, bedürfen einer Bewilligung der Baubehörde, soweit die Baubewilligungspflicht hiefür nicht bereits nach sonstigen Bestimmungen gegeben ist.*
Abs. 2: *Jede in einem mangelhaften Zustand eines charakteristischen Baues gelegene Beeinträchtigung des Stadtbildes gilt als Baugebrechen*

(§ 19 Abs. 4 des Baupolizeigesetzes). In baupolizeilichen Aufträgen zur Behebung von Baugebrechen (§ 20 Abs. 4 des Baupolizeigesetzes) kann auch die Art und Weise der Behebung vorgeschrieben werden.
Abs. 3: *Maßnahmen, die zu Baugebrechen an einem charakteristischen Bau führen können, sind zu unterlassen; Mängel an solchen Bauten, die Baugebrechen zur Folge haben können, sind ohne unnötigen Aufschub zu beheben. Die Baubehörde kann die erforderlichen baupolizeilichen Aufträge erteilen. Abs. 3 letzter Satz gilt sinngemäß.*

Besonders relevant ist des Weiteren der Altstadterhaltungsfonds, der nach § 13 Abs. 1 AstEG *„zum Zwecke der Förderung der Erhaltung und Pflege der Gestalt, Baustruktur und Bausubstanz der Altstadt und der Gründerzeitgebiete sowie zur Bewahrung und Entfaltung ihrer vielfältigen urbanen Funktion im Lebensraum der Stadt"* mit eigener Rechtspersönlichkeit errichtet wurde.

Es bestehen zwei Arten von Förderungen (§ 16 Abs. 1 AstEG). Einerseits kann eine „Förderung auf Grund eines Rechtsanspruches" gewährt werden. Sie kann beansprucht werden, wenn Mehrkosten bei der Erhaltung charakteristischer Bauten entstehen, die über die Kosten für die ordnungsmäßige Erhaltung des Baues hinausgehen und die bei Anwendung der allgemeinen baurechtlichen Vorschriften nicht erwachsen würden. Andererseits können durch die „freie Förderung" des Salzburger Altstadterhaltungsfonds sonstige Maßnahmen wie beispielsweise die Erhaltung von charakteristischen Bauten, Stadtbildpflege, Beseitigung von Beeinträchtigungen des Stadtbildes, Wohnraum-verbesserung, Wohnraumschaffung und bauhistorische Freilegungen finanziert werden (Magistrat der Stadt Salzburg, 2019).

Schlussfolgerungen

Ein Vergleich mit den Regelungen in Wien zeigt, dass in Salzburg sich die Vorgehensweise bei der Feststellung einer Abbruchbewilligung (§ 59 Abs. 2 ROG 2009) unterscheidet. Die Gemeinde-vertretung hat eine zeitliche Frist von sechs Monaten nach vollständiger Einbringung des Ansuchens um Abbruchbewilligung, um festzustellen, ob die Instandhaltung allgemein wirtschaftlich vertretbar erscheint oder andere Gründe für einen Abbruch vorliegen. Zudem erfolgt die Bekanntgabe in Form eines Bescheides und mögliche Rechtsmittel werden im Gesetz dargelegt.

Besonders spannend für die Erarbeitung möglicher Problemlösungen ist das Salzburger Altstadterhaltungsgesetz. Einerseits besagt § 3 Abs. 4 AstEG, für sämtliche im Schutzgebiet gelegenen Bauten sei von der Baubehörde durch Bescheid festzustellen, ob ein Bau für das charakteristische Gepräge des Stadtbildes oder das Stadtgefüge von Bedeutung ist. Dieser Ansatz wurde ebenso von der Wiener Opposition für den Bestand in Wien vorgebracht. Im Zuge eines gegenseitigen Austausches der Bundesländer würde es sich empfehlen, Vor- und Nachteile der Vorgehensweise zu erörtern. Des Weiteren verwehrt § 3 Abs. 1 AstEG einen Abbruch dieser Bauten aus anderen Gründen als aufgrund von Einsturzgefahr oder der technischen Unmöglichkeit der Behebung der Baufälligkeit, soweit dies allgemein wirtschaftlich vertretbar erscheint. Neben der wirtschaftlichen Vertretbarkeit ist demgemäß auch die technische Unmöglichkeit verankert. Jedoch ist dies eher als juristisches Konstrukt zu verstehen, denn in der Praxis wurde bisher kein Abbruch eines charakteristischen Bauwerks aufgrund „technischer Unmöglichkeit" bewilligt (Irnleitner, 2019).

Insbesondere von Interesse ist § 4 Abs. 3 AstEG. Durch diesen ist die Baubehörde ermächtigt, erforderliche baupolizeiliche Aufträge zu erteilen, wenn Mängel an Bauten, die Baugebrechen zur Folge haben können, nicht ohne unnötigen Aufschub behoben werden. Speziell die Möglichkeit, bereits bei Mängeln, die Baugebrechen zur Folge haben können, einzugreifen, wäre für die Wiener Baubauhörde von großer Wichtigkeit, um den Verfall der Gebäude der Gründerzeit entgegenzuwirken und EigentümerInnen zur Sanierung zu verpflichten.

Um dies umzusetzen, wäre es unerlässlich, ebenso die „Förderung auf Grund eines Rechtsanspruches“ nach § 16 Abs. 1 AstEG in den Wiener Altstadterhaltungsfonds zu integrieren. Dadurch könnten Mehrkosten, die über die Kosten für die ordnungsmäßige Erhaltung des Baues hinausgehen und die bei Anwendung der allgemeinen baurechtlichen Vorschriften nicht erwachsen würden, finanziert werden. Dadurch würde sichergestellt werden, dass öffentliche Interessen nicht von Privaten getragen werden müssen. Dies würde allerdings eine deutliche Aufstockung der Mittel des Wiener Altstadterhaltungsfonds bedeuten, denn bei relativer Betrachtung des zur Verfügung stehenden Budgets ist eine beachtliche Differenz zwischen den Bundesländern zu erkennen. Während in Salzburg für 1.500 Gebäude in Schutzzonen ein Budget von einer Million Euro zur Verfügung steht, betragen die Mittel des Wiener Altstadterhaltungsfonds zur Förderung von 15.000 sich in Schutzzonen befindenden Gebäuden in etwa 2,26 Millionen Euro.

Steiermark

Flächendeckend ist für das Bundesland Steiermark im Gesetz vom 4. April 1995, mit dem Bauvorschriften für das Land Steiermark erlassen werden (Steiermärkisches Baugesetz – Stmk. BauG), Stammfassung: LGBl. Nr. 59/1995, idF LGBl. Nr. 63/2018, folgend Stmk. BauG, folgende Regelung bezüglich Baumaßnahmen an Altbauten in § 97 Stmk. BauG getroffen:

„Für Gebäude, die vor dem 1. Jänner 1969 errichtet wurden, hat die Behörde im Baubewilligungs- oder Anzeigeverfahren auf Antrag der Bauwerberin/des Bauwerbers zur Schaffung von Aufenthaltsräumen in bestehenden Dachräumen, von Aufzügen oder aufzugähnlichen Einrichtungen sowie für Zu- und Umbauten Erleichterungen gegenüber

den Vorschriften des I. Teiles dieses Hauptstückes zuzulassen, wenn die Einhaltung dieser Vorschriften unter Berücksichtigung der Eigenart des Gebäudes entbehrlich ist. Erleichterungen sind jedoch nur insoferne zulässig, als sie vom Standpunkt der Standsicherheit, der Festigkeit, des Brand-, Wärme- und Schallschutzes und der Hygiene unbedenklich sind."

Wesentlich detailliertere Maßnahmen zum Schutz erhaltungswürdiger Gebäude werden in den verschiedenen stadtbezogenen Gesetzen definiert. Das Grazer Altstadterhaltungsgesetz 2008 (GAEG 2008), StF.: LGBl. Nr. 96/2008, idF LGBl Nr 28/2015, folgend GAEG, ist aufgrund der Bedeutung der Grazer Altstadt speziell hervorzuheben.

Ziele des Gesetzes sind nach § 1 Abs. 1 GAEG 2008 „*die Erhaltung der Altstadt von Graz in ihrem Erscheinungsbild, ihrer Baustruktur und Bausubstanz sowie die Aktivierung ihrer vielfältigen urbanen Funktion. Diesen Zielen kommt ein vorrangiges öffentliches Interesse zu.*"

Die Schutzgebiete sind in § 2 GAEG 2008 definiert und umfassen in den Schutzzonen I–III etwa 4.000 Gebäude, weitere 1.000 befinden sich in den Schutzzonen IV–V (Pilz, 2019). Im Detail unterteilen sie sich folgendermaßen (Land Steiermark, 2019):

- Die Schutzzone I beschreibt die historische Kernstadt innerhalb der ehemaligen Renaissancebefestigung mit dem Schlossberg und Teilen der Murvorstadt. Diese Zone entspricht auch der UNESCO-Welterbezone Graz Historisches Zentrum.
- Die Schutzzone II beschreibt den Beginn der vorgründerzeitlichen Stadterweiterung und deckt sich teilweise mit der Pufferzone für das UNESCO-Welterbe Graz.
- Die Schutzzone III umfasst den breiten Stadtbereich der gründerzeitlichen Stadterweiterung auf beiden Murseiten.
- Die Schutzzone IV (1–13) bezeichnet die ehemaligen historischen Vororte und umfasst auch das Schloss Eggenberg und teilweise

die Verbindungsachse zwischen den UNESCO-Welterbe-Kernzonen Historisches Zentrum und Schloss Eggenberg.

- Die Schutzzone V umfasst den Grazer Kalvarienberg.

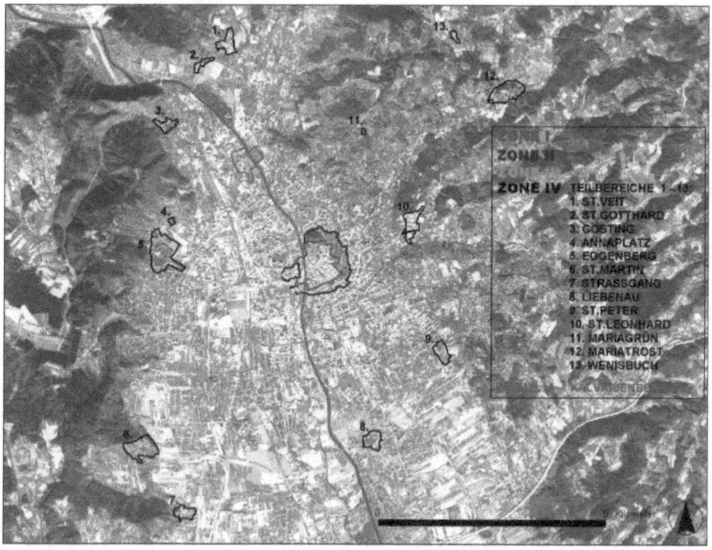

Abbildung 37: Schutzzonen in Graz nach dem Grazer Altstadterhaltungsgesetz. Quelle: Land Steiermark.

Zum Abbruch schutzwürdiger Bauwerke ist in § 5 Abs. 3 GAEG 2008 geregelt, dass dieser nur mit einer entsprechenden Bewilligung zulässig ist: „*Diese darf nur dann erteilt werden, wenn die technische Unmöglichkeit der Behebung der Baugebrechen erwiesen oder die wirtschaftliche Unzumutbarkeit trotz Einbeziehung von zugesagten Förderungen gegeben ist.*" Des Weiteren darf nach § 5 Abs. 4 GAEG 2008 mit dem Abbruch „*erst zwei Wochen nach Rechtskraft der Abbruchbewilligung begonnen werden*".

Darüber hinaus wurde, um Baumaßnahmen zur Erhaltung der Altstadt im Sinne des § 1 Abs. 1 zu unterstützen, der „Grazer Altstadterhaltungsfonds" errichtet (§ 16 GAEG 2008). Gefördert werden kann nach § 19 Abs. 1 GAEG 2008 durch:

- Baukostenzuschüsse;
- Übernahme von Zinsen oder Annuitäten von Darlehen;
- Gewährung von Zuschüssen für Zinsen oder Annuitäten;
- Gewährung von Darlehen zu begünstigten Zinssätzen;
- Übernahme von Bürgschaften.

Hervorgehoben sei § 19 Abs. 3 GAEG 2008, welcher besagt, dass bei abrissgefährdeten schutzwürdigen Bauwerken die Förderung nach Möglichkeit so zu bemessen ist, dass deren Erhaltung wirtschaftlich zumutbar wird.

Aufgrund ihrer Sonderstellung in Österreich sind überdies die im 3. Abschnitt des GAEG 2008 definierte Altstadt-Sachverständigenkommission (ASVK) und Altstadtanwaltschaft anzuführen.

Zu den Aufgaben der Altstadt-Sachverständigenkommission zählen nach § 12 GAEG 2008:

Abs. 3: *Besteht Grund zur Annahme, dass Eigentümerinnen/Eigentümer von Bauwerken ihrer Verpflichtung nach § 39 Abs. 1 des Steiermärkischen Baugesetzes oder der darüber hinausgehenden Verpflichtung zur Erhaltung gemäß § 5 nicht nachkommen oder den Bestimmungen des § 9 zuwiderhandeln, hat die ASVK bei der Baubehörde Anzeige zu erstatten.*

Abs. 4: *Die ASVK ist befugt, Vorschläge an die Landesregierung, z. B. betreffend weitere Schutzzonen, und an das Kuratorium des Fonds, z. B. betreffend Zuwendungen aus dem Altstadterhaltungsfonds, zu erstatten. Die ASVK kann sich weiters öffentlich zu allgemeinen Fragen der Altstadterhaltung äußern.*

Abs. 5: *Bei Erstellung oder Änderung von Flächenwidmungsplänen und von Bebauungsplänen, die das Schutzgebiet betreffen, ist der ASVK Gelegenheit zur Stellungnahme zu geben.*

Abs. 6: *Die ASVK kann zu Anfragen, die vor Einbringung eines Bewilligungsansuchens oder einer schriftlichen Anzeige zu einem geplanten Vorhaben an sie gerichtet werden, eine Stellungnahme abgeben. Die Anfrage hat jedenfalls die Planungsabsicht (Neu-, Zu- oder Umbau, Abbruch) sowie eine Fotodokumentation des betreffenden Objektes bzw. Grundstückes mit der Umgebung zu enthalten. Diese Stellungnahme entbindet nicht von der Verpflichtung zur Einholung eines Gutachtens; sie ist aber im Gutachten zu berücksichtigen.*

Abs. 7: *Die ASVK kann zu Anfragen, die vor Durchführung von Architekturwettbewerbsverfahren und dergleichen an sie gerichtet werden, eine Stellungnahme abgeben und an solchen Verfahren mitwirken.*

Der ASVK setzt sich wie folgt zusammen (§ 13 Abs. 1 GAEG 2008):

- *aus je zwei von der Landesregierung und der Stadt Graz nominierten Mitgliedern*
- *aus je einem von der Fakultät für Architektur der Technischen Universität Graz und einem von der Geisteswissenschaftlichen Fakultät der Universität Graz nominierten Mitglied*
- *aus je einem von der Architekten- und Ingenieurkonsulentenkammer für Steiermark und Kärnten und von der Wirtschaftskammer Steiermark nominierten Mitglied*
- *und aus einem von der Landesregierung nominierten Mitglied mit nur beratender Stimme, das über Fachwissen im Bereich der Rechtswissenschaften mit einem Schwerpunkt für Baurechtsfragen verfügt.*

Die Altstadtanwaltschaft ist nach § 15 Abs. 1 GAEG 2008 „*zur Wahrung des öffentlichen Interesses an der Erhaltung der Grazer Altstadt im Vollziehungsbereich des Landes*" zu bestellen. „*Die Behörde ist verpflichtet, die Altstadtanwältin/den Altstadtanwalt in Verfahren beizuziehen und zur Stellungnahme aufzufordern, wenn sie beabsichtigt, vom Gutachten der ASVK abzuweichen. Ab diesem Zeitpunkt, spätestens aber ab Bescheiderlassung hat die Altstadtanwältin/der Altstadtanwalt Parteistellung in Verfahren im Anwendungsbereich dieses Gesetzes, ausgenommen Strafsachen. Sie/Er hat weiters das Recht, gegen Bescheide Beschwerde an das Landesverwaltungsgericht zu erheben. In Verfahren, in denen ein Gutachten der ASVK eingeholt wurde, ist das Beschwerderecht auf jene Entscheidungen beschränkt, die diesem Gutachten widersprechen*“ (§ 15 Abs. 2 GAEG, 2008).

Darüber hinaus sind jährliche Tätigkeitsberichte zu verfassen. So wurde im Berichtsjahr 2017 aufgezeigt, dass vier Abbruchansuchen im vergangenen Jahr eingereicht wurden, während es bisher nur vereinzelt Anträge auf die Bewilligung von Abbrüchen schutzwürdiger, für das Stadtbild bedeutender Bauwerke gab. In zwei Fällen wurden die Abbrüche trotz Feststellung der Schutzwürdigkeit aufgrund der wirtschaftlichen Abbruchreife bewilligt (Rupprecht, 2018, S. 1). Kritisiert wird, dass diese trotz zugesagter Fördermittel geltend gemacht wurde. „Für derartige Fälle sieht § 19 Abs. 3 GAEG 2008 ausdrücklich vor, dass bei abrissgefährdeten, schutzwürdigen Bauwerken die Förderungen des Grazer Altstadterhaltungsfonds so zu bemessen sind, dass deren Erhaltung wirtschaftlich zumutbar wird. Auch die Erläuterungen zu § 19 weisen klar darauf hin, dass es besonders wichtig ist, den Abriss von schutzwürdigen Bauwerken zu verhindern und dass dies ohne verstärkte Förderung oft nicht möglich ist“ (Rupprecht, 2018, S. 2). Weiters wird ausgeführt, die Altstadtanwaltschaft anerkenne durchaus die Förderpraxis des von der Stadt verwalteten Fonds für Fassadensanierungen aller Art, weise aber mit aller Bestimmtheit auf die deutliche Unverhältnismäßigkeit von Förderungen im Abbruchsfall hin. Mit der bisherigen Stadt/Land-Finanzierung (55 % zu 45 %) von jährlich nur etwa 124.000 Euro konnten lediglich unzureichende Förderhöhen zwischen 0,6 % und 1,4 % des Deckungsfehlbetrags gewährt werden (Rupprecht, 2018, S. 2). Zwar wurde mit Ende des Jahres 2018 eine Erhöhung der Fördermittel auf etwa das Doppelte zugesichert, jedoch entspricht die Gesamtsumme von rund 250.000 Euro nicht den benötigten Aufwendungen (Pilz, 2019).

Schlussfolgerungen

Da in § 5 Abs. 3 GAEG 2008 ebenso die technische Unmöglichkeit verankert ist, wäre desgleichen ein Erfahrungsaustausch der Bundesländer zu empfehlen. Relevant könnte auch die Regelung der „wirtschaftlichen Unzumutbarkeit trotz Einbeziehung von zugesagten Förderungen" in § 5 Abs. 3 GAEG 2008 sein. Denn nach welchen Kriterien die Höhe der Förderung festgelegt wird beziehungsweise für welche Gebäude der Deckungsfehlbetrag aufgebracht wird, könnte zur Klärung der Vorgehensweise der MA 7 bezüglich der Förderung des Deckungsfehlbetrags in Wien beitragen. Außerdem empfiehlt sich die Überlegung einer an § 19 Abs. 3 GAEG 2008 angelehnte Implementierung.

Des Weiteren wäre die Einrichtung der Altstadt-Sachverständigenkommission (ASVK) und der Altstadtanwaltschaft auch für Wien zu erwägen. Durch die externe Kontrolle und Beurteilung könnte der Schutz erhaltungswürdiger Gebäude in Wien, zu welchen die Gebäude der Gründerzeit nach Ansicht der Verfasserin zuzurechnen sind, um eine Facette bereichert werden. Denn wie der genannte Tätigkeitsbericht aufzeigt, ist eine regelmäßige Evaluierung notwendig, um Problemfelder erkennen zu können und entsprechende Maßnahmen zu setzen.

Tirol

Auch in Tirol sind für definierte Gebäude gesonderte Bestimmungen anzuwenden. Dies betrifft einerseits Gebäude mit landeskulturellem Interesse (§ 49 Abs. 3 TBO 2018), andererseits jene mit für eine bestimmte Epoche typischen, wissenschaftlich anerkannten architektonischen Elementen, die für das charakteristische Gepräge des

Stadt- oder Ortsbildes von besonderer Bedeutung sind (§ 3 Abs. 1 SOG 2003).

So ist nach der Tiroler Bauordnung 2018 (TBO 2018) § 49 Abs. 3 der Abbruch eines Gebäudes oder Gebäudeteiles „*unzulässig, wenn dessen Instandhaltung oder Instandsetzung wirtschaftlich vertretbar ist und an der Erhaltung des Gebäudes oder Gebäudeteiles ein besonderes landeskulturelles Interesse besteht*".

Bezüglich der Ausführung des Abbruchs werden in § 51 Abs. 6 TBO 2018 folgende Regelungen getroffen: „*Wird mit dem angezeigten Abbruch nicht innerhalb eines Jahres ab dem Zeitpunkt, ab dem dieser nach § 50 Abs. 5 ausgeführt werden darf, begonnen, so verliert die Abbruchanzeige bzw. die Zustimmung zum Abbruch ihre Wirksamkeit. Wird der Abbruch zwar rechtzeitig begonnen, aber nicht vollendet, so hat die Behörde dem Abbruchberechtigten die Vollendung des Abbruchs innerhalb einer angemessen festzusetzenden Frist aufzutragen.*"

Detailliert auf die Erhaltung von schützenswerten Gebäuden wird im Gesetz über den Schutz des Stadt- und Ortsbildes (Tiroler Stadt- und Ortsbildschutzgesetz 2003 – SOG 2003), StF: LGBl Nr 89/2003, idF LGBl Nr 144/2018, folgend SOG 2003, eingegangen.

§ 8 Abs. 1 SOG 2003 ermöglicht den Gemeinden „*Stadtteile, Ortsteile und Gebäudegruppen, die wegen ihres eigenartigen, für das Stadt- oder Ortsbild charakteristischen Gepräges als Gesamtensemble erhaltenswert sind, durch Verordnung als Schutzzonen*" anzuordnen. Weiters sind nach § 8 Abs. 3 SOG 2003 in Verordnungen über Schutzzonen „*die innerhalb der Schutzzone gelegenen charakteristischen Gebäude festzulegen*".

Doch auch außerhalb der Schutzzonen kann die Behörde nach § 3 Abs. 1 SOG 2003 Gebäude, „*die aufgrund ihrer für eine bestimmte Epoche typischen, wissenschaftlich anerkannten architektonischen Elemente für das charakteristische Gepräge des Stadt- oder Ortsbildes von besonderer*

Bedeutung sind und deren Instandhaltung oder Instandsetzung im Hinblick auf ihren Bauzustand wirtschaftlich vertretbar ist, mit schriftlichem Bescheid zu charakteristischen Gebäuden erklären".

Ähnlich wie in Salzburg, sind auch in Tirol nach § 33 SOG 2003 (Grundsätze der Förderung) die Gemeinden verpflichtet, folgende Vorhaben zu fördern, wobei sich das Land an den Kosten dieser Förderungen zu beteiligen hat (§ 37 SOG 2003):

Abs. 1 a) *Vorhaben in Schutzzonen, die der Erhaltung des charakteristischen Gepräges des jeweiligen Stadt- oder Ortsteiles bzw. der jeweiligen Gebäudegruppe dienen, sowie*

Abs. 1 b) *Vorhaben an charakteristischen Gebäuden innerhalb und außerhalb von Schutzzonen, die der Erhaltung ihrer prägenden Wirkung auf das jeweilige Stadt- oder Ortsbild dienen.*

Des Weiteren hat nach § 33 Abs. 2 SOG 2003 die Förderung „*die Eigeninitiative der Eigentümer der betroffenen Gebäude und sonstigen baulichen Anlagen anzuregen und zu unterstützen sowie deren Leistungen für die im öffentlichen Interesse gelegene Erhaltung des charakteristischen Gepräges der geschützten Stadtteile, Ortsteile und Gebäudegruppen bzw. der prägenden Wirkung von charakteristischen Gebäuden auf das Stadt- oder Ortsbild angemessen abzugelten*".

Gegenstand der Förderung sind nach § 34 SOG 2003 „*jene Mehrkosten, die aufgrund dieses Gesetzes zusätzlich zu den Kosten, die auch aufgrund der Tiroler Bauordnung 2018 aufgewendet werden müssten, entstehen*".

Schlussfolgerungen

Besonders interessant könnte für Wien die nach § 51 Abs. 6 TBO 2018 getroffene Regelung zur zeitlichen Befristung der Abbruchanzeige bzw. der Zustimmung zum Abbruch sein. Die Beschränkung auf ein Jahr ab dem Zeitpunkt, ab dem dieser ausgeführt werden dürfte, würde die im

Unterkapitel „Mögliche Herausforderungen“ dargelegte Problematik der fehlenden zeitlichen Befristung der Bestätigung vermeiden.

Weiteres Lernpotenzial könnte sich aus den in § 3 Abs. 1 SOG 2003 beschriebenen Bedingungen ergeben. Die Erklärung eines Gebäudes mit schriftlichem Bescheid zu einem „charakteristischen Gebäude“ ist als ähnlich problematisch bezüglich des Denkmalschutzes einzuordnen wie § 7 BO für Wien. Erste Erfahrungen und Meinungen diesbezüglich könnten sich als Hilfestellung erweisen.

Analog zu Salzburg sind auch in Tirol Leistungen für die im öffentlichen Interesse gelegene Erhaltung des charakteristischen Gepräges der geschützten Stadtteile, Ortsteile und Gebäudegruppen bzw. der prägenden Wirkung von charakteristischen Gebäuden auf das Stadt- oder Ortsbild durch Förderungen angemessen abzugelten. Auch diesbezüglich wäre ein Austausch anzuregen.

Niederösterreich

In Niederösterreich können nach § 30 Abs. 2 NÖ Raumordnungsgesetz 2014 (NÖ ROG 2014), StF: LGBl Nr 3/2015, idF LGBl. Nr. 71/2018, folgend NÖ ROG 2014, im Bebauungsplan besondere Regelungen für das Bauland festgelegt werden: Einerseits nach § 30 Abs. 2 Z. 1 NÖ ROG 2014 „*Schutzzonen für einen baukünstlerisch oder historisch erhaltungswürdigen Baubestand*“, andererseits nach § 30 Abs. 2 Z. 2 NÖ ROG 2014 „*sonstige erhaltungswürdige Altortgebiete*“.

Aus dem Gesetz selbst sind keine genauen Regelungen abzuleiten, jedoch wurde im Jahr 2013 unter dem Titel „Neue Schutzzonen-Modelle“[5] ein Leitfaden für niederösterreichische Städte für den Prozess der

[5] http://www.raumordnung-noe.at/fileadmin/root_raumordnung/infostand/sonstige_dokumente/gemeinde/landesaktionen/Broschuere_Schutzzonen.pdf

Ausweisung von Schutzzonen erarbeitet. Voraussetzung für eine wirkungsvolle Umsetzung ist, dass die betreffenden Gemeinden über einen (Teil-)Bebauungsplan verfügen oder planen, einen solchen zu erlassen. Ziele des Modells sind (Liske et al., 2013, S. 30):

- ein zielgerichteter Schutz grundsätzlich erhaltenswerter Strukturen
- Flexibilität für unterschiedliche Anforderungen
- Zusammenarbeit, Information und konsensuale Entscheidungsfindung im Zuge von Bauvorhaben
- Bewusstseinsbildung und Akzeptanz durch die Bevölkerung

Allgemein gilt für Schutzzonen nach § 31 Abs. 8 NÖ ROG 2014, dass ein Abbruch von Gebäuden, ausgenommen nach § 35 Abs. 2 NÖ BO 2014, LGBl Nr 1/2015, verboten ist. Darüber hinaus werden gesonderte Regelungen für Bauvorhaben in Schutzzonen bezüglich der anzuwendenden Bauform und Technologie getroffen.

Genannter § 35 Abs. 2 NÖ BO 2014 besagt, die Baubehörde hätte „*den Abbruch eines Bauwerks ungeachtet eines anhängigen Antrages nach § 14* [Bewilligungspflichtige Vorhaben] *oder einer anhängigen Anzeige nach § 15* [Anzeigepflichtige Vorhaben] *anzuordnen, wenn:*
Z 1. mehr als die Hälfte des voll ausgebauten umbauten Raumes eines Gebäudes durch Baugebrechen unbenützbar geworden ist und der Eigentümer einem Auftrag nach § 34 Abs. 2 innerhalb der ihm darin gewährten Frist nicht entsprochen hat oder
Z 2. für das Bauwerk keine Baubewilligung (§ 23) oder Anzeige (§ 15) vorliegt. Für andere Vorhaben gilt Z 2 sinngemäß."

Erwähnenswert ist, dass in § 31 Abs. 7 NÖ ROG 2014 explizit „*für Ortsbereiche, in welchen der Baubestand zu mehr als 70 % aus der Zeit vor 1945 stammt*" sowie für Schutzzonen und erhaltungswürdige Altortgebiete abweichende Festlegungen zur Bebauungshöhe getroffen werden können. Auch bezüglich der Regelung der Verkehrserschließung

(§ 32 Abs. 8 NÖ ROG 2014) sind für genannte Ortsbereiche abweichende Bestimmungen zulässig.

Schlussfolgerungen

Bezüglich der Erhaltung von Gebäuden der Gründerzeit und Festlegungen von Abbruchbestimmungen können aus Niederösterreich grundsätzlich keine neuen Lösungsvorschläge aufgegriffen werden. Interessant ist jedoch die Ausarbeitung des Leitfadens für die Schutzzonen-Modelle. Insbesondere ist auf die umfassende Kommunikations-/Partizipationsphase im Zuge der Erstellung zu verweisen.

8. Conclusio & Ausblick

Vor einem Jahrhundert nahm die Gründerzeit durch die Folgen des 1. Weltkrieges ihr Ende und vermachte ein umfassendes Erbe, das noch heute 20 % des Wiener Gebäudebestandes bildet. Der Bestand der teils bis zu 170 Jahre alten Bauwerke ist jedoch rückläufig, er ist bis zum Jahr 2018 auf etwa 14.500 Gebäude gesunken. Die mediale Präsenz im Zusammenhang mit der von der Presse als „Abrisswelle“ betitelten Thematik war groß. Neben den dargelegten Beispielen des Gasthauses Sperl und jener Gebäude in der Hietzinger Hauptstraße und Radetzkystraße sind allein im Jahr 2017 etwa 115 Gebäude der Gründerzeit abgerissen worden.

Zu betonen ist, dass der Rückgang nicht durch eine eventuelle schadhafte historische Bausubstanz begründet werden kann, da diese auch heute noch qualitativen Wohnraum bieten würde. Dennoch sind in der Vergangenheit mehrfach Abbrüche aufgrund einer technischen Abbruchreife bewilligt worden. Das Problem besteht unter anderem darin, dass die Wirtschaftlichkeit von Maßnahmen aus Sicht eines Investors eine wesentliche Voraussetzung für eine höhere Sanierungsbereitschaft darstellt. Investitionen in eine Liegenschaft werden getätigt, um unter Berücksichtigung der Investitionskosten höheren Gewinn am Markt erzielen zu können. Diese Logik kann jedoch angesichts der in Gebäuden der Gründerzeit (im Allgemeinen) geltenden gesetzlichen Mietzinsbegrenzungen nicht übertragen werden. Denn die weitgehend stringenten Mietzinsbegrenzungen im Vollanwendungsbereich des Mietrechtsgesetzes verwehren den VermieterInnen in weiten Teilen des Gründerzeitbestandes eine nach ihrem Ermessen marktwirtschaftliche Kalkulation des Mietzinses. Auch nach Sanierung orientiert an zeitgemäßen Anforderungen der bautechnischen Gebäude- und Wohnungsausstattungsstandards bleiben Gebäude der Gründerzeit im

Vollanwendungsbereich des MRG. Infolgedessen fehlen die notwendigen Anreize für EigentümerInnen, innovative Sanierungen durchzuführen.

Gleichzeitig hat die Stadt keine Möglichkeiten, EigentümerInnen zum Sanieren zu zwingen. Zwar besteht in Schutzzonen grundsätzlich eine Erhaltungspflicht der HauseigentümerInnen, jedoch betrifft diese ausschließlich den Erhalt des Zustands und die Sicherheit der Mietenden und Verkehrsteilnehmenden. Die Stadt kann lediglich eingreifen, wenn Gefahr in Verzug ist.

Darüber hinaus birgt das Mietrechtsgesetz generell diverse Herausforderungen. Begründet werden kann dies durch die geschichtlich bedingte Entwicklung des Mietrechtsgesetzes als Schutznorm aus den Zeiten des Ersten Weltkriegs und der daran anschließenden Notzeit. Dessen ungeachtet prägt es bis heute die Rechtslage erheblich. Mochten beispielsweise die damals eingeführten Stichtage, aufgrund deren Gebäude der Gründerzeit dem Mietrechtsgesetz unterliegen, historisch gesehen teilweise gerechtfertigt erscheinen, sind sie in heutigen Zeiten durch die mannigfaltigen Änderungen als reine Willkür zu kritisieren.

Weiters ist das Mietrechtsgesetz mit seinen vielschichtigen und komplexen Bestimmungen über den Anwendungsbereich und das Regulativ betreffend die Art des Mietzinses sehr unübersichtlich und zersplittert. Bereits bei der Einführung des Mietgesetz 1922 wurde dieses als Ergebnis eines schweren Ringens der Parteien beschrieben, weshalb es schon damals als schwer verständlich bezeichnet wurde. Zahlreiche Novellierungen und Änderungen verschärften die Lage und führten zum Common Sense, das MRG sei ein Paradebeispiel für ein unverständliches, selbst für JuristInnen ohne Spezialkenntnisse nicht erfassbares Gesetz.

So stehen zum Beispiel auch die Regelungen zur Mietzinsbildung in der Kritik. Die Vorgaben sind aus rechtlicher Sicht vielfältig und für Laien unverständlich. Nach Feststellung, ob für das Mietverhältnis an einem konkreten Objekt das MRG zur Gänze anzuwenden ist, ist die Wahl des heranzuziehenden Mietzinsregime gleichermaßen kompliziert. Schlussendlich ist der höchstzulässige Hauptmietzins für das Objekt zu eruieren, was zumeist die größte Hürde des komplexen Prozesses darstellt.

Über die Jahrhunderte durchlief das Gebäude der Gründerzeit eine beachtliche Transformation. Die ursprünglich meist kleinen, minderwertigen Wohnungen ohne Toilette und Bad sind heutzutage beinahe verschwunden. Stattdessen präsentiert sich das Gründerzeithaus in Gunstlage, mit seinen hohen Räumen und Parkettböden, oftmals als begehrtes Wohnobjekt.

Doch auch die Judikatur wurde in dieser Zeit überarbeitet, weshalb es zu vielfältigen neuen Anforderungen an die Bauwerke kam. Als besonders bedeutendes Erfordernis sind die geänderte Erhaltung und Verbesserung im Sinne des Standes der Technik hervorzuheben. Die Durchführung verschiedenster Maßnahmen im Einklang mit den aktuell geltenden Gesetzen und Vorschriften dient zur Gewährleistung der körperlichen Sicherheit sämtlicher Personen. Demgemäß orientiert sich der strafrechtliche Haftungsmaßstab am jeweiligen Stand der Technik und geht über den konsensgemäßen Zustand eines Gebäudes hinaus. Daher bedarf es einer ständigen Nachrüstung nach Maßgaben der technischen Entwicklungen, sofern dies rechtlich, wirtschaftlich und technisch zumutbar ist. Auch besitzt die Anpassung im Sinne der Nachhaltigkeit im Hinblick auf die Thematik der Klima- und Energiepolitik eine große Tragweite. Die Umsetzung stößt jedoch durchaus an ihre Grenzen und ist mitunter sehr kostspielig. Aus klima- und umweltrelevanten sowie aufgrund von straf- und zivilrechtlichen Aspekten ist sie dennoch unumgänglich.

Ein wesentlicher Aspekt bei Betrachtung der gegenwärtigen Lage ist der geänderte Handlungsbedarf aufgrund der derzeitigen Situation, in welcher das Gut „Wohnen“ nicht mehr ausschließlich als grundlegendes Bedürfnis gesehen wird, sondern zunehmend als Wertanlage. Die Rechtslage zur Abbruchreife wurde in den 1990er-Jahren unter anderen Voraussetzungen sowie einer den aktuelleren Anforderungen gegenlaufenden Sachlage formuliert. Aufgrund dessen verlor sie ihren Zweck einer adäquaten Ausführungsbestimmung und bedurfte einer Überarbeitung.

In diesem Zusammenhang ist zudem die veränderte EigentümerInnenstruktur von großer Bedeutung. Während der Anteil der PrivateigentümerInnen im letzten Jahrzehnt sank, stieg jener der Unternehmen. Widergespiegelt wird dies auch in den getätigten Transaktionen. Wurden im Jahr 2008 etwa 60 % aller Transaktionen von Unternehmen getätigt, lag der Anteil 2018 bei mehr als 90 %. Als Folge dieser Verschiebung sind nicht nur jährliche Preissteigerungen von 8,8 % (Zeitraum 2008–2018) zu erkennen, ebenso stellt häufig die Intention der Parifizierung das Hauptmotiv für den Kauf des erworbenen Gebäudes dar.

Als wesentliche Herausforderungen zur Erhaltung der Gebäude der Gründerzeit zeichnen sich demnach speziell zwei Aspekte ab:

- Umnutzung/ Parifizierung der gründerzeitlichen Bauten

Diese Vorgehensweise birgt die kurzfristig größte Verwertungsmöglichkeit im gründerzeitlichen Immobilienbestand. Durch die hohen erzielbaren Gewinne steigt nicht nur der Druck auf Altmietende mit Mietverträgen zu besonders günstigen Konditionen. Auch nimmt mit dem Verkauf von Anteilen am Gesamteigentum und der Zunahme der Zahl von WohnungseigentümerInnen an einem Objekt gegenüber einer einzelnen Eigentümerschaft die objektbezogene Handlungsfähigkeit stark ab, da für jede Veränderung die Zustimmung aller EigentümerInnen notwendig ist. Dies erschwert zukünftige Sanierungen und Anpassungen erheblich.

Neben professionellen EigentümerInnen erhöht auch die Renditeerwartung durch privates Investment den Druck auf den gründerzeitlichen Bestand und beeinflusst die Mietpreissteigerung. Zielgruppe von Anlagemodellen sind selbst Personen mit vergleichsweise geringem Eigenkapital, da Investitionsalternativen fehlen. Das Vermietungsinteresse ist aufgrund der fehlenden Anreize häufig sekundär, primär steht die Wertsicherung des Eigenkapitals im Vordergrund. Als Konsequenz entsteht Leerstand, der den Wohnungsmangel zusätzlich erhöht, speziell durch den Abgang von Angeboten im Segment der Kleinwohnungen. Überdies wird der Bestand durch Nutzungsänderungen verringert, wodurch dem Mietmarkt weiterer vom Vollanwendungsbereich des MRG geschützter Wohnraum entzogen wird.

- Neubau

Aus Gründen der Gewinnmaximierung ist ein Neubau nach erfolgtem Abbruch des gründerzeitlichen Gebäudes eine lohnende Option. In diesem Fall unterliegen die Mietobjekte nicht dem MRG und es eröffnet sich für die EigentümerInnen die Möglichkeit, die Bauparzelle optimal auszunützen und die Nutzfläche zu vergrößern. Denn die Nutzfläche ist aufgrund der zumeist großzügigen Raumhöhe in gründerzeitlichen Gebäuden geringer, als sie bei einem Neubau möglich wäre. Einerseits liegt die maximale Aufstockung bei Gebäuden der Gründerzeit zumeist bei zwei Geschoßen. Zurückzuführen ist dies auf die Bestimmungen des Baurechts (beispielsweise Dachneigung 45°, Firstoberkante 4,5 m über Traufe), die die Volumina der Dächer begrenzen. Andererseits können durch die prinzipiell positiv zu bewertenden höheren Räume weniger Stockwerke errichtet und folglich weniger Nutzfläche geschaffen werden, da wiederum durch das Regulativ des Baurechts die Gebäudehöhen beschränkt werden.

Allgemein wird die Aufstockung im Bestand von ExpertInnen sehr kritisch betrachtet und kommt selten zur Ausführung, da die Anforderungen an den Baubestand bei Dachgeschoßprojekten kaum Spielräume in der statischen Dimensionierung zulassen. Zudem wäre es bei Aufstockungen im Bestand nach dem Baurecht erforderlich, die Altsubstanz gemäß einem Neubau zu bemessen, wodurch mitunter ein Neubau wirtschaftlicher ist.

Die Ausgangslage war dementsprechend für die Wiener Landesregierung herausfordernd und die zu behandelnden Probleme waren umfassend. Durch die Novelle LGBl Nr 37/2018 (kundgemacht am 29.6.2018) wird in § 60 Abs. 1 lit. d BO für Wien die Notwendigkeit einer Abbruchbewilligung auf alle Gebäude, die vor dem 01.01.1945 errichtet wurden, erweitert und das Ziel verfolgt, die steigende Anzahl an Abbrüchen zu reduzieren. Nunmehr ist eine Bestätigung des Magistrats (MA 19) einzuholen, dass an der Erhaltung des Bauwerkes infolge seiner Wirkung auf das örtliche Stadtbild kein öffentliches Interesse besteht. Gleichzeitig wurde § 62a Abs. 5a (auf welchen § 60 Abs. 1 lit. d Bezug nimmt) eingefügt, in welchem festgehalten wird, dass der Abbruch spätestens vier Wochen vor dem geplanten Beginn der Arbeiten der Behörde vom Bauherrn schriftlich anzuzeigen ist. Der Anzeige ist die Bestätigung des Magistrats anzuschließen. Nach Vorlage einer solchen Bestätigung darf mit dem Abbruch begonnen werden.

Sollte durch die MA 19 ein öffentliches Interesse an der Erhaltung des Gebäudes attestiert werden, darf die Erlaubnis zum Abbruch nur bei technischer oder wirtschaftlicher Abbruchreife erteilt werden. Die wirtschaftliche Abbuchreife wurde durch die Novelle lediglich im Wortlaut geändert. Als wesentliche Frage steht im Mittelpunkt, ob den EigentümerInnen Kosten entstehen, für die kein Gegenwert durch die Liegenschaft vorliegt.

Die Feststellung erfolgt durch eine Gegenüberstellung der Kosten für eine Sanierung und des Ertrags, nachdem diese erfolgt ist:
Zur Berechnung des Ertrags nach Sanierung wird die Annahme einer fiktiven Sanierung getroffen und der Bodenwert berücksichtigt. Grundlage bildet zudem die konsensgemäße Bestandsbebauung. Der Ertragswert der gesamten Liegenschaft (inklusive Nebengebäude) wird als heranzuziehender Kennwert laut Liegenschaftsbewertungsgesetz berechnet. Ihm wird eine Rentenbarwertberechnung zugrunde gelegt. Einbezogen werden neben möglichen Mieterhöhungen durch das §-18-MRG-Verfahren über zehn Jahre ebenso die Mieten über die verbleibende Restnutzungsdauer. Des Weiteren können in die Berechnung Förderungen, beispielsweise des Wohnfonds Wien, miteinbezogen werden.
Für die Gegenüberstellung der Kosten werden Sanierungskosten, Bauverwaltung & -überwachung sowie Finanzierungskosten berücksichtigt. Zu den in den Sanierungskosten inkludierten Kennwerten zählen nach Angaben der MA 25 angemessene Kosten der zur Erhaltung des Gebäudes notwendigen Baumaßnahmen, einschließlich jener, die im Interesse der Wahrung des Ortbildes erforderlich sind. Außerdem können angemessene Kosten der Maßnahmen, die dazu dienen, Wohnungen oder Geschäftsräumlichkeiten unter Bedachtnahme auf den erteilten Baukonsens in einen vermietbaren Zustand zu versetzen, angerechnet werden. Eine Gesamtertüchtigung auf den heutigen Stand der Technik ist jedoch nicht vorgesehen. Auch Baunebenkosten wie beispielsweise Kosten der Bauverwaltung und -überwachung von bis zu zehn Prozent der Baukosten, abhängig von den erforderlichen Baumaßnahmen, können zugutegehalten werden. Nicht berücksichtigt werden können Kosten, die für etwaige Rückführungen nach vorschriftswidrigen Baumaßnahmen oder für Beseitigung von Vorschriftswidrigkeiten anfallen.

Übersteigen die Kosten für die Sanierung den Ertrag nach den durchgeführten Maßnahmen, ist die wirtschaftliche Abbruchreife gegeben. Die Differenz des Ertrags nach Sanierung zu den Kosten wird als Deckungsfehlbetrag bezeichnet. Besteht ein äußerst großes Interesse an der Erhaltung des Bauwerks, kann eine Förderung geltend gemacht werden. In diesen Fällen gewährt die MA 7 durch den Wiener Altstadterhaltungsfonds einen Zuschuss in Höhe des Deckungsfehlbetrags. Dementsprechend liegt die letzte Entscheidung zur Erhaltung eines Gebäudes mit hohem öffentlichem Interesse generell bei der Stadt.

Ausschlaggebend geändert wurde durch die Novelle die technische Abbruchreife. Nunmehr ist diese nur gegeben, wenn der Bauzustand des Bauwerkes derart schlecht ist, dass die Instandsetzung technisch unmöglich ist. Die technische Unmöglichkeit bedingt, dass Baumethoden angewendet werden müssten, deren Anwendung in Wahrheit eine völlige Substanzerneuerung oder eine Erneuerung des Gebäudes darstellt. Dies trifft jedenfalls bei Ersetzen von nahezu allen wesentlichen raumbildenden Bauelementen durch neue Bauteile zu. Zu beurteilen ist die technische Unmöglichkeit der Instandsetzung durch ein Gutachten eines Sachverständigen mit einer fundierten schlüssigen und nachvollziehbaren Beschreibung.

Aus welchen Kriterien sich eine fundierte schlüssige und nachvollziehbare Beschreibung der technischen Unmöglichkeit in der Praxis zusammensetzen wird, ist nicht abschließend geklärt. Primär wird es vermutlich jedoch den EigentümerInnen darum gehen, die völlige Substanzveränderung oder eine Erneuerung des Gebäudes darzustellen. Diese ist gegeben, wenn nahezu alle wesentlichen Bauteile bereits z. B. durch Einsturz oder Durchfeuchtung geschädigt sind und in ihrer Substanz erneuert werden müssten.

Die Beschreibung der technischen Unmöglichkeit in der Praxis ist allerdings nicht die einzige Unsicherheit, die sich durch die Bauordnungsnovelle ergibt. So fehlen klare Richtlinien beim Vorgehen der Förderung des Deckungsfehlbetrags bei wirtschaftlicher Abbruchreife. Allgemein führt nach Ansicht der EigentümerInnen die Bauordnungsnovelle (LGBl Nr 37/2018) zu einem erhöhten Aufwand und Kosten, die sich ebenso im Kaufpreis sowie im Mietzins auswirken werden. Auch ist mit langen Verfahrensdauern zu rechnen, da einerseits die MA 19 einen möglichen Erhalt zu begutachten und zu begründen hat, andererseits etwaige Beeinspruchungen beim Landesverwaltungsgericht die Dauer verlängern werden.

Gegen die nach § 62a Abs. 5a BO für Wien erforderliche Bestätigung der MA 19 bezüglich des öffentlichen Interesses an der Erhaltung können keine Rechtsmittel im Sinne einer Beschwerde eingebracht werden, demzufolge ist kein Instanzenzug vorgesehen. Die Möglichkeit, einen Einspruch einzubringen, besteht hingegen im Zuge einer Einreichung gem. § 60 Abs.1 lit. d BO für Wien. Die baubehördliche Bewilligung setzt unter anderem voraus, dass an dem Erhalt des Gebäudes kein öffentliches Interesse besteht. Sollte ein Abbruch aufgrund dessen verwehrt werden, können gegen eine etwaige nicht erfolgte baubehördliche Abbruchbewilligung Rechtsmittel in Form einer Beschwerde eingebracht werden. Zu betonen ist, dass die Kriterien, nach welchen die MA 19 das öffentliche Interesse genau feststellt, schlussendlich im Ermessen der Behörde liegt.

Darüber hinaus erschweren unklare Gesetzesformulierungen, wie etwa die einzuhaltende Reihenfolge, um einen Abbruch zu erwirken, und die nicht festgelegte Gültigkeitsdauer der Bestätigung der MA 19, die Umsetzung der Novelle. Auch führen die Formulierungen des § 62a Abs. 5a BO für Wien zu Verwirrung. Einerseits besagt dieser, dass eine Abbruchsbeginnanzeige vier Wochen vor Beginn der Arbeiten der

Abbruchwerbenden bei der zuständigen Gebietsgruppe der MA 37 unter Anschluss der Bestätigung des Magistrats (dass kein öffentliches Interesse besteht) einzubringen ist. Andererseits darf nach Vorlage einer solchen Bestätigung sofort mit dem Abbruch begonnen werden. Dementsprechend liegen zwei zeitlich konträre Kennwerte vor: Einerseits muss vier Wochen vor Abbruch die Anzeige eingebracht werden, andererseits darf gleich nach Vorlage mit dem Abbruch begonnen werden. Wie die Umsetzung in der Praxis aussehen wird, ist ungewiss.

Auch die Wahl des Stichtages des Errichtungsjahres der Gebäude mit 01.01.1945, auf dessen Grundlage nun rund 44.000 Gebäude mehr eine Abbruchbewilligung benötigen, scheint unfundiert. Es entsteht der Eindruck, das wesentliche Kriterium für die Wahl des Stichtags seitens der Regierung der Stadt Wien sei das Mietrechtsgesetz gewesen. Allerdings wäre es folgenschwer, auszuschließen, dass Gebäude, die nach diesem Stichtag errichtet wurden, nicht schützenswert sind und dass deren Erhalt nicht im öffentlichen Interesse steht.

Ferner ist die kurzfristig vorgezogene Kundmachung der Teil-Bauordnungsnovelle in einer ersten Analyse als verfassungsrechtlich bedenklich zu bezeichnen. Die unerwartete Gesetzesänderung ohne Übergangsregelungen stellt einen Eingriff in die Erwerbsfreiheit dar. Denn diese wird eingeschränkt, wenn unerwartet massive Eingriffe in die Ausübung getätigt werden, wobei durchaus eine Interessenabwägung vorzunehmen ist. Diesbezüglich wird demnach eine höchstgerichtliche Entscheidung abzuwarten sein.

Insbesondere brüskiert waren EigentümerInnen über den Stopp von bereits begonnenen Abbrucharbeiten. Einerseits ergaben sich dadurch rechtliche Unsicherheiten, wie die wirtschaftliche Abbruchreife zu berechnen sei, andererseits mussten finanzielle Verluste aufgrund der Verzögerung sowie der geänderten Rahmenbedingungen hingenommen werden. Speziell für kleinere Unternehmen könnte dies schwerwiegende Folgen mit sich bringen.

Darüber hinaus ist zu hinterfragen, ob das Fehlen einer finanziellen Vergütung für die in den Schutzzonen aufzuwendenden Kosten gerecht ist. Erfahrungsgemäß übersteigen der Erhaltungsaufwand und der Grad der Einschränkungen innerhalb einer Schutzzone jene außerhalb. Auch der Wiener Altstadterhaltungsfonds leistet nur unzureichende finanzielle Beihilfe für die aufwendigen denkmalpflegerischen und stadtbilderhaltenden Mehrkosten. Nicht nur wurde in den vergangenen 20 Jahren das Budget um zwei Drittel gekürzt, sondern es sind durch diesen auch andere im öffentlichen Interesse gelegene Bauwerke, wie etwa Kirchen, zu unterstützen. EigentümerInnen werden demnach in die Pflicht genommen, die im öffentlichen Interesse gelegene Erhaltung zu finanzieren. Die Forderung der Petition „Stadtbild-Erhaltung Wien" nach einer Aufstockung der Mittel ist daher nachvollziehbar.

Weiters beanstanden EigentümerInnen von Gründerzeithäusern, neben den undurchsichtigen Mietzinsbestimmungen und Mietzinsarten sowie der willkürlichen Wahl von Stichtagen des MRG, auch rechtliche Unsicherheiten wie die Änderungen bezüglich des Lagezuschlags beziehungsweise das Aussetzen der Erhöhung der Richtwerte. Ebenso ist die Definition der Gründerzeitviertel – speziell seit dem OGH-Urteil 5Ob198/18f vom Frühjahr 2019 – zu beanstanden. Durch diese Eingriffe werden der Betrieb und die Instandhaltung eines Gebäudes der Gründerzeit stetig aufwendiger und zugleich weniger planbar.

Zu Beginn der Arbeit wurde die Hypothese aufgestellt, durch die Bauordnungsnovelle werde die Anzahl an Abbrüchen zwar rückläufig sein, jedoch würden der Erhaltungszustand und die Verfügbarkeit der Wohnungen nicht beeinflusst. Es ist mE anzunehmen, dass dies jedoch das gewünschte Ziel und den eigentlichen Kern der Thematik darstellt.

Unterstützt wird die Hypothese dadurch, dass die Vorgehensweise der Einholung einer Bestätigung bereits in Schutzzonen und Gebieten mit Bausperren gegeben war. Wie Daten über den Rückgang an Gründerzeitgebäuden zeigten, war relativ betrachtet kein Unterschied zwischen Bezirken mit bzw. ohne Schutzzone zu erkennen.

Zudem ist die weitere Zukunft der Gebäude, bei welchen eine Erhaltungswürdigkeit durch die MA 19 festgestellt wurde, nicht gesichert. EigentümerInnen können Rechtsmittel ergreifen und eine Beschwerde gegen den Abbruchstopp beim Verwaltungsgericht Wien einbringen. Nach Entscheidung des Verwaltungsgerichts kann sowohl von Seiten der Bauherren als auch seitens der Baupolizei eine außerordentliche Revision beim Verwaltungsgerichtshof beantragt und eine Beschwerde an den Verfassungsgerichtshof gerichtet werden. So erhoben EigentümerInnen bei 34 Abbruchprojekten eine Beschwerde gegen den Abbruchstopp. Von den eingelangten Beschwerden seien 16 bereits entschieden, wobei acht Beschwerden stattgegeben wurde, vier abgewiesen wurden und ein Verfahren, bei welchem die Beschwerde zurückgezogen wurde, eingestellt wurde. Bei weiteren drei Objekten wurden die Beschwerden zurückgewiesen, da sie nicht vorschriftsgemäß eingereicht worden waren.

Auch die Missachtung von behördlichen Auflagen durch EigentümerInnen, wie das Beispiel des Gasthauses Sperl zeigt, hat in der Vergangenheit zum Verlust eines erhaltungswürdigen Gebäudes geführt. Jedoch sind dies nach Meinung des Leiters der Baupolizei, Gerhard Cech, Einzelfälle. Im Allgemeinen sei nicht zu bemerken, dass die Bestimmungen umgangen würden (ORF Wien, 2019b). Des Weiteren sei darauf zu verweisen, dass Missachtungen von behördlichen Auflagen bzw. Abbrüche ohne Bewilligung nach § 135 BO für Wien mit „bis zu 100.000 Euro, im Fall der Uneinbringlichkeit mit Ersatzfreiheitsstrafe bis zu vier Wochen, zu bestrafen“ sind.

Durch das Erschweren der technischen Abbruchreife aufgrund der Einführung des Begriffes der technischen Unmöglichkeit, wird diese zukünftig nur in seltenen Fällen zur Anwendung kommen. Zudem wurde durch die Novelle der Aufwand, um ein Gründerzeithaus abtragen zu dürfen, erhöht. Nach Angaben der MA 37 ist die Anzahl an eingebrachten Abbruchanträgen zurückgegangen.

Professionelle EigentümerInnen, deren Anteil sich in den letzten Jahrzehnten erhöht hat, könnte demnach der Mehraufwand beziehungsweise das Risiko von zukünftigen Käufen abhalten. So war ein Großteil jener EigentümerInnen, die kurz vor Inkrafttreten der Novelle um einen Abbruch bemüht waren, Immobilienfirmen, die erst vor wenigen Jahren oder gar erst wenige Monate vor dem 01.07.2018 die Gründerzeithäuser erworben hatten. Dies könnte der Hypothese widersprechen.

Als Folge eines Rückzugs dieser Akteursgruppe vom Wiener Wohnungsmarkt ist anzunehmen, dass in Teilbereichen der Preis pro Quadratmeter aufgrund der geringeren Nachfrage sinken wird. Die Herausforderung hinsichtlich der Begründung von Wohnungseigentum wird dagegen voraussichtlich bestehen bleiben. Denn neben professionellen EigentümerInnen erhöht auch die Renditeerwartung durch privates Investment den Druck auf den gründerzeitlichen Bestand. Selbst Anlegende mit vergleichsweise geringem Eigenkapital sind aufgrund der fehlenden Alternativen Zielgruppe von Anlagemodellen. Problematisch ist, dass das Vermietungsinteresse oft sekundär ist, da die Wertsicherung des Eigenkapitals im Vordergrund steht. Die Konsequenz ist häufig Leerstand, der den Wohnungsmangel zusätzlich erhöht – speziell durch den Abgang von Angeboten im Segment der Kleinwohnungen.

Dies bekräftigt die Hypothese, dass die Änderungen der Bauordnungsnovelle Auswirkungen auf den Erhaltungszustand und die

Verfügbarkeit der Wohnungen haben. Die Maßnahmen haben zwar eine einschränkende Wirkung, doch fehlen Anreize für die EigentümerInnen, in ihre Objekte zu investieren.

Einer der wesentlichsten Gründe hierfür ist das Bestehenbleiben der im Vollanwendungsbereich des MRG festgelegten Mietzinsbeschränkungen nach durchgeführter Sanierung. Überdies stellt das Richtwertgesetz nach Meinung der EigentümerInnen eine Einschränkung der Eigentums- und Erwerbsfreiheit dar. Diesbezüglich hielt der OGH jedoch fest, dass die Einführung des Richtwertmietzinses dem öffentlichen Interesse an erschwinglichem Wohnraum diene (5 Ob 271/09b MietSlg 62.281) und somit kein Grund zur Einleitung eines Gesetzesüberprüfungsverfahrens aus verfassungsrechtlichen Bedenken wegen unverhältnismäßiger Einschränkung der Eigentums- und Erwerbsfreiheit bestehe (5 Ob 50/10d Miet Slg 62.282).

Dennoch sehen EigentümerInnen insbesondere einen „Diskriminierungstatbestand“ im Zusammen-hang mit dem Wiener Richtwert insofern, als es sich um den zweitniedrigsten Richtwert im Bundesländervergleich handelt. Der Wiener Richtwert wird dabei als Diskriminierung der Wiener Zinshausbesitzer gegenüber den Zinshausbesitzern in der Steiermark (insbesondere Graz) betrachtet. Eine Wiederholung der Beschwerde beim VfGh ist deshalb beabsichtigt. Ebenso ist seit Jänner 2018 der Fall beim Europäischen Gerichtshof für Menschenrechte (EGMR) anhängig.

Aus raumplanerischer Sicht ist die Erhaltung der Bauwerke der Gründerzeit jedenfalls zu unterstützen und zu fördern, denn das Erbe der Gründerzeit ist für nachfolgende Generationen in seinem ursprünglichen Erscheinungsbild und besonderem Charakter im Sinne eines „Generationsvertrages" für die Zukunft zu sichern.

Auch aus ökologischen Gründen ist die Erhaltung wünschenswert, jedoch ist hier eine differenzierte Betrachtung notwendig. Einerseits haben die Errichtung von Gebäuden und deren Nutzung sowie die Herstellung der benötigten Baumaterialien, die Instandhaltung und Sanierung ebenso wie ein möglicher Abriss durch die in Anspruch genommenen Rohstoffe, Flächen und Energie erheblichen Einfluss auf die Umwelt. Daher sind ein schonender Umgang mit diesen Ressourcen, die Verwendung von umweltschonenden Baumaterialien, eine lange Nutzungsdauer und die Art der Entsorgung beziehungsweise des Recyclings der Baurestmasse bedeutend. Die Rohbaukonstruktion des gründerzeitlichen Gebäudes besteht aus einem Ziegelmauerwerk, wodurch das Gebäude atmungsaktiv ist und das Raumklima angenehm wirkt. Reizvoll sind zudem die hohen Räume, die eine vielfältige Umnutzung ermöglichen und somit ein hohes Niveau an Anpassungsmöglichkeiten an den geforderten Bedarf bieten. Zugleich kann der Raum aufgrund der Höhe zum Teil in zwei Ebenen genutzt werden und bietet aufgrund dessen mehr Fläche. Durch die verstärkten Außenwände, die die weitläufigen Decken tragen, und der orthogonal sowie einheitlich errichtete Tragstruktur sind die Räume nutzungsneutral. Abhängig sind mögliche Nutzungen allerdings vom baulichen Allgemeinzustand des Gebäudes, ebenso spielen das Alter und die Bau- und Nutzungsgeschichte eine Rolle. Dennoch ist die Erhaltung der Gebäude der Gründerzeiten aus diesem Gesichtspunkt heraus zweifelsohne zu befürworten.

Andererseits gilt zu bedenken, dass die Möglichkeit einer nachträglichen Stadtverdichtung erschwert wird. Im Allgemeinen könnte durch einen

Dachbodenausbau die Nutzfläche erweitert werden. Ebenso gäbe es in Wien Bestandsgebäuden, die sich für eine Aufstockung eignen würden. In ExpertInnenkreisen werden allerdings Aufstockungen im Bestand sehr kritisch betrachtet und kommen selten zur Ausführung. Nach dem Baurecht ist es bei Aufstockungen erforderlich, die Altsubstanz wie einen Neubau zu bemessen, wodurch es in manchen Fällen wirtschaftlicher ist, einen Abriss und anschließenden Neubau umzusetzen. Zudem lassen die festgelegten Anforderungen an den Baubestand bei Dachgeschoßprojekten kaum Spielräume in der statischen Dimensionierung zu. Die maximale Aufstockung bei Gebäuden der Gründerzeit liegt zumeist bei zwei Geschoßen, wobei die Bestimmungen des Baurechts (beispielsweise Dachneigung 45°, Firstoberkante 4,5 m über Traufe) die Volumina der Dächer begrenzen. Aufgrund dessen sind des Öfteren selbst zweigeschoßige Dachausbauten nicht ausführbar. Auch wegen der prinzipiell positiv zu bewertenden höheren Räume können weniger Stockwerke errichtet und folglich weniger Nutzfläche geschaffen werden, da durch das Regulativ des Baurechts die Gebäudehöhen beschränkt werden. Um folglich anderenorts Wohnraum zu schaffen, müssen wiederum Ressourcen, wie Fläche und Baumaterialien, in Anspruch genommen und Infrastrukturen errichtet werden.

Ein Lichtblick könnte diesbezüglich die Novelle (LGBl Nr 69/2018) von November 2018 sein, in welcher sich die Stadtregierung um Erleichterungen bezüglich des Dachgeschoßausbaus bemühte. Beispielsweise sei die geänderte Stellplatzregelung erwähnt sowie die Änderungen bezüglich des Aufklappens des Daches, der raumbildenden Aufbauten und der Ausnahmen von Bauvorschriften, sodass auch bei größeren Änderungen eines Gebäudes von Bauvorschriften abgewichen werden kann, wenn der Aufwand anderenfalls unverhältnismäßig wäre.

Im Hinblick auf den Klimawandel und den Aspekt der Energieeinsparung ist zu bedenken, dass Gebäude der Gründerzeit einen Herzwärmebedarf aufweisen, der um den Faktor 5 bis 10 höher ist als in Wohngebäuden, die nach heutigem Niedrigenergie- bzw. Passivhausstandard neu errichtet werden. Durch innovative Sanierungsmaßnahmen ist durchaus auch im Gründerzeitbestand eine Reduktion auf zeitgemäße energietechnische Standards möglich. Berücksichtigt werden müssen dessen ungeachtet etwaige Einschränkungen aufgrund einer gegliederten Fassade. Erhaltungswürdige Fassaden können nur durch Innendämmung thermisch aufgewertet werden. Sollten Fassaden nicht erhaltungswürdig sein, empfielt sich daher die Abräumung der Fassade zur Durchführung einer konventionellen Außenwanddämmung.

Eine energieeffiziente Sanierung ist jedoch heutzutage weniger ein technisches als ein ökonomisches Problem. Umfangreiche Sanierungsarbeiten auf einen zeitgemäßen Wohnstandard liegen, was die Kosten betrifft, mitunter in der Höhe der Kosten eines Neubaus. Ein Ermessen des Mietzinses nach marktwirtschaftlichen Kalkulationen ist EigentümerInnen aufgrund der weitgehend stringenten Mietzinsbegrenzungen im Vollanwendungsbereich des Mietrechtsgesetzes verwehrt. Infolgedessen fehlen wie bereits ausgeführt die notwendigen Anreize, innovative Sanierungen durchzuführen. Indes sei hervorgehoben, dass es umstritten ist, inwiefern die Kosten der Sanierung durch die Mietzinseinnahmen gedeckt werden können. Zusätzlich führen die unklaren höchstgerichtlichen Entscheidungen bezüglich der Zulässigkeit eines Zuschlags für Erstbezug nach Sanierung zu Verunsicherungen.

Bei Betrachtung aus einem sozialen Blickwinkel ist insbesondere das in den Gründerzeithäusern geltende Mietrecht kritisch zu hinterfragen. Einerseits wird diesem eine soziale Integration von einkommensschwachen Haushalten in zentrumsnahen städtischen Lagen zugesprochen. Andererseits können in ein und demselben Gebäude, teils für dieselbe Wohnung, verschiedene Mietzinse zur Anwendung kommen. Die Höhe des zu entrichtenden Mietzinses ist nicht nur beispielsweise von der Art der vereinbarten Nutzung und Ausstattung abhängig, sondern auch vom Zeitpunkt des Mietvertragsabschlusses. So sind Mietverträge, die vor 1994 abgeschlossen worden sind, auch heute noch beinahe um zwei Drittel niedriger. Speziell neu in den Mietmarkt eintretende Parteien, wie Familien und junge Erwachsene, profitieren demnach nicht von den günstigen Mieten. Dies wird bei der Debatte um den sozialen Aspekt des Richtwertes oftmals außer Acht gelassen. Darüber hinaus streben EigentümerInnen eine Kompensation der geringeren Mieteinnahmen an und verrechnen folglich bei neu abzuschließenden Mietverträge höhere Mieten als gesetzlich erlaubt. Demgemäß könnten überhöhte Richtwertmieten auch auf die sehr niedrigen Mieten laut Altmietverträgen zurückzuführen sein.

Betont sei, dass dies kein Anlass für Verständnis ist. Denn zu bedenken ist, dass zum Zeitpunkt des Abschlusses der Altmietverträge der Kaufpreis des Gründerzeitgebäudes im Verhältnis ebenso niedrig war. Die Kosten waren daher den Mieteinnahmen entsprechend. Darüber hinaus ist bei einem Verkauf die Zusammensetzung der Mieteinnahmen bekannt. Entschließen sich KäuferInnen heutzutage zu den aktuellen Konditionen zu einem Kauf, ist eine nachträgliche Kritik in Bezug auf die niedrigen Mieteinnahmen nicht nachzuvollziehen.

Nichtsdestoweniger ist die Schlussfolgerung der Kritik berechtigt, öffentliche Interessen würden auf Kosten von Privaten umgesetzt werden. Einen Lösungsvorschlag könnten diesbezüglich die Regelungen der Stadt Salzburg bieten. Um die gleichen Mittel pro Gebäude in Schutzzonen zur Verfügung stellen zu können, wäre jedoch eine Aufstockung der Mittel um mehr als das Vierfache notwendig. Außerdem wäre die Umsetzung einer zugesicherten „Förderung auf Grund eines Rechtsanspruches“ nach

Vorbild des § 16 Abs. 1 AstEG anzustreben. Mehrkosten, die über die Kosten für die ordnungsmäßige Erhaltung des Baues hinausgehen und die bei Anwendung der allgemeinen baurechtlichen Vorschriften nicht erwachsen würden, würden dadurch finanziert werden.

Des Weiteren bietet das Salzburger Altstadterhaltungsgesetz (AstEG) besonders interessante Ansätze für die Erarbeitung möglicher Problemlösungen. Insbesondere von Interesse ist § 4 Abs. 3 AstEG. Durch diesen ist die Baubehörde ermächtigt, erforderliche baupolizeiliche Aufträge zu erteilen, wenn Mängel an Bauten, die Baugebrechen zur Folge haben können, nicht ohne unnötigen Aufschub behoben werden. Speziell die Möglichkeit, bereits bei Mängeln, die Baugebrechen zur Folge haben können, einzugreifen, wäre für die Wiener Baubauhörde von großer Relevanz, um dem Verfall der Gebäude der Gründerzeit entgegenzuwirken und EigentümerInnen zur Sanierung zu verpflichten.

Nach § 3 Abs. 4 AstEG ist für sämtliche im Schutzgebiet gelegenen Bauten von der Baubehörde durch Bescheid festzustellen, ob ein Bau für das charakteristische Gepräge des Stadtbildes oder das Stadtgefüge von Bedeutung ist. Aufgrund der höheren Anzahl an Gebäuden in Wien wäre dies primär als theoretischer Input zu verstehen, um neue Erkenntnisse zu bringen – insbesondere da die Wiener Opposition diesen Vorschlag zur Diskussion gestellt hat. Die Umsetzung ist mE aufgrund der hohen Anzahl an Gebäuden äußerst infrage zu stellen.

Besonders interessant könnte für Wien außerdem die nach § 51 Abs. 6 TBO 2018 getroffene Regelung zur zeitlichen Befristung der Abbruchanzeige bzw. der Zustimmung zum Abbruch sein. Die Beschränkung auf ein Jahr ab dem Zeitpunkt, ab dem dieser ausgeführt werden dürfte, würde Unklarheiten bezüglich der zeitlichen Gültigkeit der Bestätigung der MA 19 vermeiden helfen.

Überdies könnte nach Vorbild der Regelungen in der Stadt Graz eine Implementierung einer Altstadt-Sachverständigenkommission (ASVK) und der Altstadtanwaltschaft erwägt werden. Durch die externe Kontrolle und Beurteilung würde der Schutz erhaltungswürdiger Gebäude in Wien intensiviert werden. Eine regelmäßige Evaluierung würde maßgeblich dabei unterstützen, Problemfelder erkennen zu können und entsprechende Maßnahmen zu setzen.

Die Bauordnungsnovelle 2018 (LGBl Nr 37/2018, ebenso wie LGBl Nr 69/2018) ist kurzum als erster Schritt zur Anpassung an die aktuellen Herausforderungen aufzufassen.

Ergänzend zu den möglichen Anlehnungen und Lösungsansätzen der Bundesländer, ist ein wichtiger Punkt die Forcierung der Sanierungsförderung. Sie ermöglicht einen wesentlichen Spielraum betreffend die Sicherung und Schaffung leistbaren Wohnraums sowie die Qualitätssicherung im privaten Immobilienbereich. Hervorgehoben sei die bereits stattfindende Umsetzung der Kooperation zwischen EigentümerInnen und dem Wohnfonds Wien, durch die einerseits den EigentümerInnen Förderungen und steuerliche Vorteile zukommen, andererseits die Stadt über jede zweite bzw. jede vierte Wohnung hinsichtlich der Vergabe verfügt, wodurch sich für sie Steuerungsmöglichkeiten bezüglich der sozialen Durchmischung ergeben. Diesbezüglich bestünde zukünftig weiteres Potenzial im Hinblick auf die Beschleunigung und Vereinfachung der Prozesse.

Ebenso könnten Anreize durch eine Lockerung der Mietzinsbeschränkungen für umfassend sanierte Gebäude der Gründerzeit erwogen werden. Diese sollten zur Absicherung mit einer Bindung an qualitative Voraussetzungen der Sanierung vereinbart werden, um bautechnische Anforderungen eines Neubaus zu erreichen.

Überdies könnte eine Wiedereinführung der Bildung steuerfreier Rücklagen geprüft werden. Vermietende müssten bei freigestellter

Versteuerung der Hauptmietzinsreserven jenen durch die Einkommenssteuer verminderten Betrag im Fall einer Sanierung nicht selbst tragen, wodurch eine Sanierung abermals interessant werden könnte. Generell würden diverse einkommenssteuerliche Aspekte eine Motivation zur Sanierung darstellen.

Neben einer möglichen Wertsteigerung der Immobilie wäre auch die Abwendung etwaiger Haftungsklagen im Schadensfall ein Grund, Sanierungen auf den Stand der Technik durchzuführen. Wichtig wäre, in diesem Zusammenhang klar festzuhalten, welche Standards auch für ältere Gebäude zu gelten haben. Gründerzeithäuser können oftmals die modernen Standards von Neubauten beispielsweise im Hinblick auf Erdbebensicherheit oder Wärmedämmung nur bis zu einem gewissen Grad erfüllen. Es wäre notwendig, zwei Standards getrennt voneinander festzulegen und somit Rechtssicherheit zu schaffen.

Klarzustellen ist, dass dies außerhalb des Kompetenzbereiches der Stadt Wien liegt, da die Voraussetzungen in der Bauordnung bereits umgesetzt wären. Im Zivilrecht hingegen ist der neueste Stand der Technik auch auf das Gründerzeithaus anzuwenden. Würde der Konsensgedanke, der in der Bauordnung angelegt ist, ins Zivilrecht übertragen und den Gerichten nahelegt werden, würden Unsicherheiten vermieden werden.

Ebenso nicht in die Zuständigkeit der Stadt fällt das Mietrechtsgesetz. Dennoch wäre auch hier die lang erwartete Mietrechtsnovelle dringend erforderlich. Rechtliche Unsicherheiten beziehungsweise Schwächen der Gesetzgebung sind zu überarbeiten bezüglich: des Lagezuschlags, der Merkmale, die bei der Richtwertmietzinsberechnung werterhöhend oder wertvermindernd sein können (beispielsweise ist die mögliche Höhe der Zuschläge und Abstriche im Gesetz nicht festgelegt), der undurchsichtigen Mietzinsbestimmungen und Mietzinsarten im Allgemeinen, der Feststellung des Anwendungsbereiches des Mietrechtsgesetzes, der willkürlichen Wahl von Stichtagen sowie der

Definition der Gründerzeitviertel. Dies ist lediglich ein Auszug der Problemfelder des Mietrechtsgesetzes. Besonders bedeutend wären darüber hinaus die Einführung von wirksamen Sanktionen bei einem Gesetzesverstoß und die Anwendung strafrechtlicher Vorschriften bei Missachtung der zulässigen Mietzinshöhe. Angedacht werden könnte beispielsweise, gesetzwidrig überhöhte Mieten und Betriebskosten in doppelter Höhe zurückzahlen zu müssen.

Die angesprochene Rechtsunsicherheit ist ebenfalls eine große Thematik der Bauordnungsnovelle (LGBl Nr 37/2018), denn aus rechtlicher Sicht ergeben sich mehrere Bedenken. Diesbezüglich sind verschiedenste höchstgerichtliche Entscheidungen abzuwarten (wirtschaftliche Gesichtspunkte bei der Erteilung der wirtschaftlichen Abbruchreife bei bereits begonnenen Abbrucharbeiten, Eingriff des § 7 BO für Wien in die Bundeskompetenz des Denkmalschutzes, Verfassungswidrigkeit der Novelle an sich, angelehnt an VfSlg. 3421/1958 sowie aufgrund des Eingriffes in die Erwerbsfreiheit).

Schließlich sei darauf hingewiesen, dass es von grundlegender Bedeutung ist, die Aufgaben der öffentlichen Hand vorrangig seitens der Stadt zu lösen. Leistbares Wohnen wird vom Privatmarkt nicht zur Verfügung gestellt werden und fällt ferner nicht in seinen Zuständigkeitsbereich. Diesbezüglich hat die öffentliche Hand sich der Aufgabe anzunehmen. Sollten Potenziale in den stadteigenen Liegenschaften und Objekten vorhanden sein, wären die Nachverdichtung und die Schaffung von Wohnraum unter den entsprechenden Voraussetzungen primär dort umzusetzen.

Nichtsdestoweniger ist auch die Sozialpflichtigkeit des Eigentums für Private von großer Relevanz, denn es kann nicht im öffentlichen Interesse sein, das Gut „Wohnen“ als Spekulationsobjekt auszunutzen. Unter den geänderten Rahmenbedingungen, in denen „Wohnen“ nicht mehr ausschließlich als grundlegendes Bedürfnis gesehen wird, ist es somit notwendig, der Stadt neuen Handlungsspielraum zu eröffnen. Die Möglichkeit einer flächendeckenden Unterschutzstellung wäre im Sinne der Ressourcenschonung, der nachhaltigen Erhaltung des Bestands und der Sicherung des Nutzungsmix im urbanen Kontext jedenfalls wünschenswert.

Welche Auswirkungen sich tatsächlich durch die Bauordnungsnovelle LGBl Nr 37/2018 ergeben werden, ist ungewiss und wird sich in den nächsten Jahren zeigen. Insbesondere wird die Beurteilung der MA 19 eine zentrale Rolle spielen, die die Erhaltungswürdigkeit gewissenhaft zu untersuchen hat.

Außer Zweifel steht die Bedeutung der gründerzeitlichen Bauten für die Stadt Wien, die weitgehend stadtbildprägend sind. Der Erhalt dieser Bauten ist evident mit dem Charakter und somit der Qualität der Stadt verbunden.

9. Verzeichnisse

9.1 Abkürzungsverzeichnis

Abb.	Abbildung
Abs.	Absatz
ABGB	Allgemeines bürgerliches Gesetzbuch
Art.	Artikel
AstEG	Altstadterhaltungsgesetz
BauG	Baugesetz
BGBl	Bundesgesetzblatt
BGStG	Bundes-Behindertengleichstellungsgesetz
BO	Bauordnung
B-VG	Bundes-Verfassungsgesetz
bzw.	beziehungsweise
ca.	zirka
etc.	et cetera
et al.	et alii
EGMR	Europäischer Gerichtshof für Menschenrechte
f	folgende
GAEG	Grazer Altstadterhaltungsgesetz
GZ	Geschäftszahl
Hrsg.	HerausgeberIn
idF	in der Fassung
LBG	Liegenschaftsbewertungsgesetz
LGBl.	Landesgesetzblatt
Lit.	Litera
MA	Magistratsabteilung

mE	meines Erachtens
MG	Mietengesetz
MSchVo	Mieterschutzverordnung
MRG	Mietrechtsgesetz
NÖ	Niederösterreich
Nr.	Nummer
OGH	Oberster Gerichtshof
OIB	Österreichisches Institut für Bautechnik
OSchG	Ortsschutzgesetz
RichtWG	Richtwertgesetz
ROG	Raumordnungsgesetz
S.	Seite
SOG	Stadt- und Ortsbildschutzgesetz
StF	Stammfassung
StGG	Staatsgrundgesetz
VfGH	Verfassungsgerichtshof
VwGH	Verwaltungsgerichtshof
WWFSG	Wiener Wohnbauförderungs- und Wohnhaussanierungsgesetz
Z	Ziffer
z. B.	zum Beispiel

9.2 Quellenverzeichnis

Literatur:

Abrihan, Cristian; Fuchs, Edith; Jahn, Kerstin (2013): Wien – Dekorative Elemente in der Gründerzeit zwischen 1840 und 1918. Gestaltungsgrundsätze, Werkstattberichte Nr. 133. Magistratsabteilung 18 Stadtentwicklung und Stadtplanung, Wien.

Bauer, Jeremias; Holzapfel, Anton; Pircher, Susanne; Sammer, Karin (2018): ÖVI Marktbericht 2017: Wohnimmobilien-Transaktionen auf Grundlage der verbücherten Kaufverträge 2010–2017 in Österreich, Wien

Bienert, Sven; Funk, Margret (2014): Immobilienbewertung Österreich. 3. Auflage. ÖVI Immobilienakademie, Wien.

Bobeck, Hans; Lichtenberger, Elisabeth (1978): Wien – Bauliche Gestalt und Entwicklung seit der Mitte des 19. Jahrhunderts. Böhlau, Wien.

Breitschneider, Betül (2008): win wi[e]n: blockentwicklung erdgeschosszone Optimierung des Blocksanierungsprogramms zur nachhaltigen Entwicklung der Erdgeschosszone und der (halb-)öffentlichen Räume. Bundesministerium für Verkehr, Innovation und Technologie, Wien.

Dirnbacher, Wolfgang (2013): MRG 2013 – Das Mietrechtsgesetz idF des ZahlungsverzugsG 2013. ÖVI Immobilienakademie, Wien.

Fassmann, Heinz; Hatz, Gerhard (2009): Wien: städtebauliche Strukturen und gesellschaftliche Entwicklungen. Böhlau Verlag, Wien – Köln – Weimar.

Feilmayr, Wolfgang (2015): Grundstücksmärkte und Immobilienbewertung (Skriptum). Fachbereich Stadt- und Regionalforschung Technische Universität Wien, Wien.

Geymüller, Philipp; Christl, Michael (2014): Teurer Wohnen. Wie Politik und Mietrecht den Wohnungsmarkt außer Kraft setzen und drei Vorschläge für leistbare vier Wände. Agenda Austria – Vereinigung für wissenschaftlichen Dialog und gesellschaftliche Erneuerung, Wien.

Graubner, Carl-Alexander; Hüske, Katja (2003): Nachhaltigkeit im Bauwesen: Grundlagen, Instrumente, Beispiele. Ernst Verlag, Berlin.

Gruber, Ernst; Gutmann, Raimund; Huber, Margarete; Oberhuemer, Lukas (2018): Leistbaren Wohnraum schaffen – Stadt weiter bauen. Kammer für Arbeiter und Angestellte für Wien, Wien.

Havel, Margarete; Sammer, Karin; Rammerstorfer, Johannes (2011): Qualitativ hochwertige Sanierung von Gründerzeitgebäuden. Arbeitsbehelf für Sanierungswillige aus Sicht der Praxis. Gründerzeit mit Zukunft. Bundesministerium für Verkehr, Innovation und Technologie, Wien.

Hüttler, Walter; Rammerstorfer, Johannes; Krempl, Manuel; Havel, Margarete; Oettl, Fritz; Sammer, Karin; Schöberl Helmut; Wegerer, Paul (2018): Gründerzeit mit Zukunft: Dokumentation und Monitoring. Wissenschaftliche Begleitung der vier Gründerzeit mit Zukunft - Demonstrationsgebäude. Bundesministerium für Verkehr, Innovation und Technologie, Wien.

Kothbauer, Christoph (2016): Verwalterpflichten und Haftung. In: Lang, Veronika; Klinger, Michael (Hrsg.): Handbuch Immobilienverwaltung in der Praxis, 2. Aufl. 2016. Linde, Wien.

Kranewitter, Heimo (2010): Liegenschaftsbewertung. 6. Auflage. Manzsche Verlags- und Universitätsbuchhandlung, Wien.

Liske, Herbert; Liske-Weninger, Patricia; Hameter, Josef; Bürger, Gabriele (2013): Neue Schutzzonen-Modelle. Ein Leitfaden aufgrund der Erfahrungen in Baden, Bad Vöslau, Brunn am Gebirge, Mödling, Neunkirchen und Wiener Neustadt. Amt der NÖ Landesregierung – Abteilung Raumordnung und Regionalpolitik – Landeskoordinierungsstelle für Stadterneuerung, Krems.

MA 25 (2018): Merkblatt: Beurteilung der wirtschaftlichen Abbruchreife von Gebäuden in Schutzzonen, Gebäuden in Gebieten mit Bausperren, Gebäuden die vor 1945 errichtet wurden. Magistrat der Stadt Wien, Wien.

MA 37 (2015a): Merkblatt: Abbruchsansuchen in Schutzzonen oder Bausperrgebieten. Magistrat der Stadt Wien, Wien.

MA 37 (2015b): Merkblatt: Beurteilung der technischen Abbruchreife. Magistrat der Stadt Wien, Wien.

MA 37 (2018a): Merkblatt: Gesamtabbruch von Bauwerken. Magistrat der Stadt Wien, Wien.

MA 37 (2018b): Merkblatt: Beurteilung der technischen Unmöglichkeit von Instandsetzungen. Magistrat der Stadt Wien, Wien.

Mauritsch, Christine (2019): Wohnungsnot und Mieterschutz in Österreich vom Ende des 1. Weltkrieges bis zum Ständestaat. Dissertation Universität Graz.

Österreichisches Institut für Bautechnik (2015): OIB-Leitfaden OIB Richtlinie 1 – Festlegung der Tragfähigkeit und Gebrauchstauglichkeit von bestehenden Tragwerken. Österreichisches Institut für Bautechnik, Wien.

Otto Immobilien (2017): Erster Wiener Zinshaus-Marktbericht. Wien.

Otto Immobilien (2018): Erster Wiener Zinshaus-Marktbericht – Herbst 2018. Wien.

Rammerstorfer, Johannes (2012): Gründerzeit mit Zukunft- Gesamtheitliche Modernisierung von Gründerzeitgebäuden.e7 Energie Markt Analyse GmbH, Linz.

Rosifka, Walter (2014): Altbau in Wien – Zahlen, Daten, rechtliche Rahmenbedingungen, Probleme durch Spekulation. Präsentation im Rahmen von „Wien wächst – Wien wohnt". Kammer für Arbeiter und Angestellte für Wien, Wien.

Rupprecht, Manfred (2018): Tätigkeitsbericht 2017 des Grazer Altstadtanwaltes (nach § 15 Abs. 3 GAEG 2008). Graz.

Schindegger, Friedrich (2001): Raumordnung und Raumplanung. In: Sitte, Wolfgang; Wohlschlägl, Helmut (Hrsg): Beiträge zur Didaktik des „Geografie und Wirtschaftskunde"-Unterrichts. Institut für Geografie und Regionalforschung der Universität Wien, Wien.

Stampfer, Michael (1995): Die Anfänge des Mieterschutzes in Österreich. Manz, Wien.

Trockner, Lukas (2012): Mietensteigerungen in Österreich und Wien. Auswertungen aus dem Mikrozensus. Kammer für Arbeiter und Angestellte für Wien, Wien.

Trockner, Lukas (2015): Nettoangebotsmieten In Wiener Altbauten – eine Auswertung von 200 Wohnungsinseraten. Kammer für Arbeiter und Angestellte für Wien, Wien.

Trockner, Lukas (2017): Mieten in Österreich und Wien 2008 bis 2016. Kammer für Arbeiter und Angestellte für Wien, Wien.

Verlič, Mara (2014): Die Enteignung des Möglichen. Die Bedeutung von Leerstand am Wiener Wohnungsmarkt. In: Hejda, Willi [Hrsg.]: Wer geht leer aus? Plädoyer für eine andere Leerstandspolitik. Ed. Mono/Monochrom, Wien.

WIFO (2012): Instrumente und Wirkungen der österreichischen Wohnungspolitik. Im Auftrag der Kammer für Arbeiter und Angestellte für Wien. WIFO, Wien

Würth, Helmut; Zingher, Madeleine, Kovanyi, Peter; Etzersdorfer, Ingmar (2015): Miet- und Wohnrecht Band I, MRG und sonstige bestandrechtlichen Vorschriften, WGG sowie dazugehörige Verfahrensvorschriften des AußStrG und der ZPO. Kurzkommentar, 23 Auflage. Manz, Wien.

Internetquellen:

BDA – Bundesdenkmalamt (2019): Was ist der Unterschied zwischen Ortsbildschutz und Denkmalschutz? https://bda.gv.at/de/service/haeufige-fragen/#was-ist-der-unterschied-zwischen-ortsbildschutz-und-denkmalschutz, abgerufen am 17.03.2019

Duden (2019): Definition Zubau. https://www.duden.de/rechtschreibung/Zubau, abgerufen 03.04.2019

Erath, Kaspar (2018): Verein zur Revitalisierung und architektonischen Aufwertung der Wiener Gründerzeithäuser: Vision. In: http://kaspar-erath.at/, abgerufen am 10.12.2018

Erath, Kaspar (2019): Verein zur Revitalisierung und architektonischen Aufwertung der Wiener Gründerzeithäuser: Aktuelles. In: http://kaspar-erath.at/, abgerufen am 25.02.2019

Land Steiermark – Amt der Steiermärkischen Landesregierung (2019): Schutzzonen. http://www.kultur.steiermark.at/cms/beitrag/12465760/129384813, abgerufen am 29.03.2019

Kammer der ZiviltechnikerInnen von Wien, Niederösterreich und Burgenland (2018a): Änderung der Bauordnung für Wien: Kollateralschaden für die Bauwirtschaft. https://www.ots.at/presseaussendung/OTS_20180706_OTS0166/aenderung-der-bauordnung-fuer-wien-kollateralschaden-fuer-die-bauwirtschaft-bild, abgerufen am 05.12.2018

Kammer der ZiviltechnikerInnen von Wien, Niederösterreich und Burgenland (2018b): Bauordnungsnovelle 2018: Definition der „technischen Unmöglichkeit". https://wien.arching.at/aktuelles/news/news_bis_2014.html?tx_news_pi1%5Bnews%5D=216&tx_news_pi1%5Bcontroller%5D=News&tx_news_pi1%5Baction%5D=detail&cHash=603121c3698dec7e3cdf64ac6fe0aa81, abgerufen am 05.12.2018

Magistrat der Stadt Salzburg (2019): Altstadtschutz – Salzburger Altstadterhaltungsfonds. https://www.stadtsalzburg.at/internet/wirtschaft_umwelt/stadtplanung/altstadtschutz/salzburger_altstadterhaltungsfonds_352123.htm, abgerufen am 22.03.2019

MA 8 (2017): Wien Geschichte Wiki: Schutzzonen. https://www.geschichtewiki.wien.gv.at/Schutzzonen, abgerufen am 02.02.2019

MA 8 (2018): Wien Geschichte Wiki: Gründerzeit. https://www.geschichtewiki.wien.gv.at/Gr%C3%BCnderzeit, abgerufen am 28.01.2019

MA 8 (2019): Wien Geschichte Wiki: Bauordnung. https://www.geschichtewiki.wien.gv.at/Bauordnung, abgerufen am 01.02.2019

MA 19 (2019): Abbruch in Schutzzonen und Gebieten mit Bausperre, sowie Abbruch von Gebäuden außerhalb von Schutzzonen, die vor dem 1. Jänner 1945 errichtet wurden – Bestätigung. https://www.wien.gv.at/amtshelfer/bauen-wohnen/stadtentwicklung/baulicheanlagen/abbruch.html, abgerufen am 08.02.2019

MA 23 (2019): Gebäude und Wohnungen – Statistiken. https://www.wien.gv.at/statistik/lebensraum/gebaeude/, abgerufen am 30.01.2019

Mietervereinigung Wien (2018): Was bringt die neue Wiener Bauordnung? https://mietervereinigung.at/News/841/43142/Was-bringt-die-neue-Wiener-Bauordnung, abgerufen am 25.02.2019

Parlament (2006): 1410 der Beilagen XXII. GP – Regierungsvorlage – Materialien. https://www.parlament.gv.at/PAKT/VHG/XXII/I/I_01410/, abgerufen am 30.01.2019

Parlament (2008): 480 der Beilagen zu den Stenographischen Protokollen des Nationalrates XXIII. GP. https://www.parlament.gv.at/PAKT/VHG/XXIII/I/I_00480/, abgerufen am 30.01.2019

Petition Stadtbild-Erhaltung Wien (2018): https://www.wien.gv.at/petition/online/PetitionDetail.aspx?PetID=3e6d3de564e04f25b4a03e31dd07d152, abgerufen am 23.04.2019

Projektleitung Wien Kulturgut (2019): Wien Kulturgut: Schutzzonen Wien. https://www.wien.gv.at/kultur/kulturgut/architektur/schutzzonen.html, abgerufen am 02.02.2019

Stadt Salzburg, Referat Altstadterhaltung (2019): Rechtsgrundlagen Altstadterhaltung in Salzburg. https://www.salzburg.gv.at/themen/bauen-wohnen/bauen/altstadt/asteg, abgerufen am 22.03.2019

Stadt Wien (2019): Planungsgrundlagen zur Widmung »Gebiete für geförderten Wohnbau«. https://www.wien.gv.at/stadtentwicklung/flaechenwidmung/pdf/widmung-grundlagen.pdf, abgerufen am 19.04.2019

Statistik Austria (2011): Gebäude. http://www.statistik.at/web_de/statistiken/menschen_und_gesellschaft/wohnen/wohnungs_und_gebaeudebestand/Gebaeude/index.html, abgerufen am 12.12.2018

Statistik Austria (2013): Wohnungen 2011 nach Wohnsitzangabe, Errichtungsjahr des Gebäudes und Bundesland. http://www.statistik.at/web_de/statistiken/menschen_und_gesellschaft/wohnen/wohnungs_und_gebaeudebestand/wohnungen/074219.html, abgerufen am 28.01.2019

Zeitschriften:

Fuchs, Gerald (2018): Bewilligungsfrei begonnene eingestellte Abbrüche von Gebäuden – wirtschaftliche Abbruchreife. In: bauaktuell 5/2018. Manz, Wien.

Hüttler, Walter; Sammer, Karin (2010): Innovative Sanierung von Gründerzeitgebäuden – technische Optionen und rechtliche Fragen. In: immolex 9/2010. Manz, Wien.

Lindinger, Eike (2014): Der Ursprung des Mieterschutzes. In: immolex 9/2014. Manz, Wien.

Richter, Daniel (2017): Gründerzeitviertel im Wandel – die Lage (Wohnumgebung) iSd § 2 Abs. 3 RichtWG – Zur Auslegung des Begriffs Lage (Wohnumgebung) in § 2 Abs. 3 RichtWG. In: immolex 7-8/2017. Manz, Wien.

Sammer, Karin (2011): Mietzinsrechtliche Aspekte der innovativen Sanierung und Modernisierung von Gründerzeitgebäuden. In: immolex 12/2011. Manz, Wien.

Stabentheiner, Johannes (2012a): Das ABGB und das Sondermietrecht – die Entwicklung der vergangenen 100 Jahre. In: Wohnrechtliche Blätter 25/2012. Springer-Verlag, Wien.

Stabentheiner, Johannes (2012b): Legistische Betrachtungen zum Mietrechtsgesetz. In: Wohnrechtliche Blätter 25/2012. Verlag-Österreich, Wien.

Swittalek, Markus (2018): Das Gründerzeithaus. In seiner Architektur erhalten. Für die Zukunft rüsten. In: Der österreichische Hausbesitz – Wien-Journal für Wohnrecht. 7-8/2018. Wien.

Zeitungsartikel:

Chorherr, Christoph; Ludwig, Michael (2018): Ludwig/Chorherr: Novelle der Wiener Bauordnung 2018. https://www.ots.at/presseaussendung/OTS_20180406_OTS0078/ludwigchorherr-novelle-der-wiener-bauordnung-2018, abgerufen am 10.12.2018

Haselsteiner, Edeltraud (2011): Sanierung oder Abriss? In: Forum Planen. http://www.gruenderzeitplus.at/downloads/architektur_und_bauforum_okt2011.pdf, abgerufen am 10.03.2019

Holzapfel, Anton (2018): Wiener Bauordnung 2018: Schnellschuss-Teilbeschluss der Novelle. In: Die unabhängige Immobilien-Redaktion. https://www.immobilien-redaktion.at/wiener-bauordnung-2018-schnellschuss-teilbeschluss-der-novelle/, abgerufen am 24.02.2019

Landerer, Markus (2016): Abriss Hietzinger Hauptstraße 100-102: Löchrige Schutzzone. http://www.initiative-denkmalschutz.at/index.php/meldungen-nach-bundesland/wien/162-wien1130/640-abriss-hietzinger-hauptstrasse-100-102-loechrige-schutzzone-2-september-2016, abgerufen am 17.03.2019

ORF Wien (2019a): Hausabriss: Anzeige der Baupolizei. In: ORF Wien. https://wien.orf.at/news/stories/2958666/, abgerufen am 13.04.2019

ORF Wien (2019b): Hausabriss: Baupolizei sieht „Einzelfall". In: ORF Wien. https://wien.orf.at/news/stories/2959064/, abgerufen am 13.04.2019

Pressberger, Thomas (2018): Gründerzeithäuser: Das große Abreißen geht weiter. In: Kurier.at. https://kurier.at/chronik/wien/gruenderzeithaeuser-das-grosse-abreissen-geht-weiter/400343164, abgerufen am 13.04.2019

Prunbauer, Martin (2018): Wiener Bauordnungsnovelle: eigentumsfeindlich, kontraproduktiv und wirtschaftsfeindlich. In: Die unabhängige Immobilien-Redaktion. https://www.immobilien-redaktion.at/wiener-bauordnungsnovelle-eigentumsfeindlich-kontraproduktiv-und-wirtschaftsfeindlich/, abgerufen am 24.02.2019

Putschögl, Martin (2018): Wien zieht Schutz alter Häuser vor. In: Der Standard. https://derstandard.at/2000081095495/Wien-zieht-Schutz-alter-Haeuser-vor, abgerufen am 09.12.2018

Rieger, Lisa (2016): Stadt gegen Häuserverfall machtlos. In: ORF News. https://wien.orf.at/news/stories/2781983/, abgerufen am 02.02.2019

Senk, Walter (2019): Zinshaus: Preise haben sich verdoppelt und trotzdem ist Spekulation „out" und Investment „in". In: Die unabhängige Immobilien-Redaktion. https://www.immobilien-redaktion.at/zinshaus-preise-haben-sich-verdoppelt-und-trotzdem-spekulation-ist-out-investment-ist-in/, abgerufen am 24.02.2019

Wojciech, Czaja (2018): Abbrüche von Gründerzeithäusern: Vienna Demolition Man. In: Der Standard. https://derstandard.at/2000086886445/Abbrueche-von-Gruenderzeithaeusern-Vienna-Demolition-Man, abgerufen am 09.12.2018

Zoidl, Franziska (2018a): Neue Bauordnung: Wien schützt seine alten Häuser. In: Der Standard. https://derstandard.at/2000077452065/Neue-Bauordnung-Wien-schuetzt-seine-alten-Haeuser, abgerufen am 17.03.2019

Zoidl, Franziska (2018b): Abrissboom in Wien: Zinshaus-Abbrüche, auch wenn es noch Mieter gibt. In: Der Standard. derstandard.at/2000082425483/Zinshaus-Abbrueche-auch-wenn-es-noch-Altmieter-gibt, abgerufen am 17.03.2019

Zoidl, Franziska (2019): Gasthaus Sperl: Abriss gestoppt, Stadt kündigt Strafanzeige gegen Eigentümer an. In: Der Standard. derstandard.at/2000096163750/Abbruch-eines-Wiener-Gruenderzeithauses-wurde-erneut-gestoppt, abgerufen am 17.03.2019

Masterarbeiten:

Boever, Frank (2013): Ganzheitliche Altbausanierung unter Berücksichtigung des Drei-Säulen-Modells der Nachhaltigkeit am Beispiel des Wiener Gründerzeithauses. Masterthesis TU Wien, Wien.

Böhmdorfer, Christoph (2016): Der österreichische Mieterschutz im historischen Kontext. Auswirkungen der Mietrechtsgesetzgebung auf Gesellschaft, Politik und Wirtschaft. Masterthesis TU Wien, Wien.

Haberditzl, Thomas (2008): Die Anwendung der verschiedenen Mietzinsarten beim Wiener Zinshaus. Masterthesis TU Wien, Wien.

Hofhans-Matczak, Magdalena (2018): Der gebotene Erhaltungszustand des Wiener Gründerzeithauses unter besonderer Berücksichtigung der ÖNORM B 1300 – Eine rechtliche und praxisorientierte Betrachtung. Masterthesis TU Wien, Wien.

Junker, Helmut (2018): Das Gründerzeithaus 2.0 – Technische und wirtschaftliche Herausforderungen gebotener sowie freiwilliger Anpassung an aktuelle Standards. Masterthesis TU Wien, Wien.

Kummer, Christian (2015): Dachgeschoßausbauten in Wiener Gründerzeithäusern und ihre Auswirkungen auf den baulichen Bestand. Masterthesis TU Wien, Wien.

Lauda, Dominik (2017): Der Kündigungsschutz im österreichischen Mietrecht – notwendiger Mieterschutz vs. vermieterfeindliche Eigentumsbeschränkung? Ein Systemüberblick im Lichte aktueller Judikatur. Masterthesis TU Wien, Wien.

Popovic, Marina (2018): Immobilienbewertung im Ertragswertverfahren – Analyse des Einflussparameters Mietausfallwagnis. Masterthesis TU Wien, Wien.

Sanchez de la Cerda, Christoph (2018): Restnutzungsdauer von Wiener Gründerzeithäusern und ihre Bedeutung im Ertragswertverfahren. Masterthesis TU Wien, Wien.

Schreder, Octavia (2016): Die Schaffung neuen Wohnraums durch die Sanierung Wiener Gründerzeithäuser. Masterthesis TU Wien, Wien.

Schriftliche Protokolle:

Fuchs, Gerald (2019): Update Wiener Bauordnung – die Änderungen in der Wiener Bauordnung 2018. Vortragsfolien FH Campus Wien.

Tschismasia, Andreas (2018): Abbruch von Bauwerken, die vor 1945 errichtet wurden, in Schutzzonen und in Gebieten mit Bausperre. Vortragsfolien, Wien.

Wiener Landtag, 26. Sitzung vom 28.06.2018, Wörtliches Protokoll: Ausschnitte von Herrn Ulm, Herrn Pawkowicz, Herrn Chorherr, Herrn Stürzenbecher, Herrn Gara.

Rechtsvorschriften:

Allgemeines bürgerliches Gesetzbuch für die gesammten deutschen Erbländer der Oesterreichischen Monarchie (ABGB), StF: JGS Nr. 946/1811, idF BGBl I Nr 100/2018

Bundesgesetz über die Festsetzung des Richtwertes für die mietrechtliche Normwohnung (RichtWG), StF: BGBl Nr 800/1993, idF BGBl II Nr 70/2019

Bundesgesetzes über die gerichtliche Bewertung von Liegenschaften (Liegenschaftsbewertungsgesetz – LBG), StF: BGBl. Nr. 150/1992

Bundesgesetz vom 7. Dezember 1922 über die Miete von Wohnungen und Geschäftsräumlichkeiten (MG BGBl Nr 872/1922)

Bundesgesetz vom 12. November 1981 über das Mietrecht (MRG), StF: BGBl Nr 520/1981, idF BGBl I Nr 58/2018

Bundes-Verfassungsgesetz (B-VG), StF: BGBl Nr 1/1930, idF BGBl I Nr 14/2019

Gesetz über den Schutz des Stadt- und Ortsbildes (Tiroler Stadt- und Ortsbildschutzgesetz 2003 – SOG 2003), StF: LGBl Nr 89/2003, idF LGBl Nr 144/2018

Gesetz vom 4. April 1995, mit dem Bauvorschriften für das Land Steiermark erlassen werden (Steiermärkisches Baugesetz – Stmk. BauG), Stammfassung: LGBl. Nr. 59/1995, idF LGBl. Nr. 63/2018

Grazer Altstadterhaltungsgesetz 2008 (GAEG 2008), StF.: LGBl. Nr. 96/2008, idF LGBl Nr 28/2015

ÖNORM B 1802-2, 2008

Salzburger Ortsbildschutzgesetz 1999 (OschG), StF: LGBL Nr 74/1999, idF LGBl Nr 107/2013

Salzburger Altstadterhaltungsgesetz 1980 (AstEG), StF: LGBl Nr 50/1980, idF LGBl Nr 8/2017

Staatsgrundgesetz vom 21. December 1867, über die allgemeinen Rechte der Staatsbürger für die im Reichsrathe vertretenen Königreiche und Länder, StF: RGBl. Nr. 142/1867, idF BGBl Nr 684/1988

Wiener Stadtentwicklungs-, Stadtplanungs- und Baugesetzbuch (Bauordnung für Wien – BO für Wien), StF.: LGBl Nr 11/1930, idF 69/2918

3. Wohnrechtsänderungsgesetz 1994 (3. WÄG),
NR: GP XVIII IA 579/A AB 1268 S. 134. BR: 4644 AB 4653 S. 575.

Aufgehobene Rechtsvorschriften:

1. Mieterschutzverordnung 1916

2. Mieterschutzverordnung 1917

3. Mieterschutzverordnung 1918

Judikatur:

OGH 29.03.2011, 5Ob 240/10w

OGH-Urteil 20.11.2017, 5Ob 74/17v

OGH-Urteil OGH 20.02.2019, 5Ob 198/18f

Verfassungsgerichtshof (2017): Presseinformation vom 19. Juli 2017 G 428/2016, V 75/2016 ua., G 34/2017, V 26/2017 ua. https://www.vfgh.gv.at/downloads/VfGH_Presseinfo_G_428-2016_G_34-2017_Mietrecht.pdf, abgerufen am 01.02.2019

Verwaltungsgerichtshof (2003): VwGH-Erkenntnis vom 17.06.2003, Geschäftszahl 2002/05/1200 https://www.ris.bka.gv.at/Dokumente/Vwgh/JWR_2002051200_20030617X03/JWR_2002051200_20030617X03.html, abgerufen am 05.12.2018

Verwaltungsgerichtshof (2006): VwGH-Erkenntnis vom 31.07.2006, Geschäftszahl 2005/05/0370 https://www.ris.bka.gv.at/Dokumente/Vwgh/JWR_2005050370_20060731X02/JWR_2005050370_20060731X02.html, abgerufen am 05.12.2018

Verwaltungsgerichtshof (2010): VwGH-Erkenntnis vom 25.02.2010, Geschäftszahl 2006/06/0083 https://rdb.manz.at/document/ris.vwght.JWT_2006060083_20100225X00, abgerufen am 11.02.2019

Verwaltungsgerichtshof (2015): VwGh 24.02.2015, Geschäftszahl 2013/05/0121; 19.09.2016, Ra 2016/05/0088-4

Verwaltungsgericht Wien (2017): VGW 14.09.2017, VGW-111/026/8423/2016

Verfassungsgerichtshof (1985): VfGH-Erkenntnis vom 12.03.1985, Geschäftszahl G2/85 https://www.ris.bka.gv.at/Dokument.wxe?Abfrage=Vfgh&Dokumentnummer=JFT_10149688_85G00002_00

Interviews

– werden im Text als *(InterviewpartnerIn Jahreszahl)* ohne trennenden Beistrich angeführt

Angemerkt sei, dass eine Anfrage an die für die Regierungspartei (SPÖ, Die Grünen) zuständige Abteilung gerichtet wurde, diese aber unbeantwortet blieb.

Fuchs, Gerald (2019): Referatsleiter, Stabstelle Recht MA 37, durchgeführt am 08.01.2019.

Erath, Kaspar (2019): Obmann des Vereins zur Revitalisierung und architektonischen Aufwertung der Wiener Gründerzeithäuser, Zinshausbesitzer, schriftlich durchgeführt am 03.02.2019.

Olischar, Elisabeth (2019): Abgeordnete zum Wiener Landtag und Gemeinderat, ÖVP, durchgeführt am 29.04.2019.

Rosifa, Walter; Pichler, Christian (2019): Arbeiterkammer Wien, durchgeführt am 26.04.2019.

Pilz, Peter (2019): Leiter der Geschäftsstelle des Grazer Altstadterhaltungsfonds, telefonisch durchgeführt am 01.04.2019.

Irnleitner, Silvia (2019): Geschäftsführerin der Sachverständigenkommission für die Altstadterhaltung Salzburg, schriftlich durchgeführt am 09.04.2019.

9.3 Abbildungs- & Tabellenverzeichnis

FSC
www.fsc.org
MIX
Papier | Fördert gute Waldnutzung
FSC® C083411

Kolibri 360 GmbH
Ferdinand-Jühlke-Straße 7
99095 Erfurt, Deutschland
produktsicherheit@kolibri360.de

Druck:
CPI Druckdienstleistungen GmbH
im Auftrag der
Kolibri 360 GmbH
Ferdinand-Jühlke-Str. 7
99095 Erfurt